U0341218

李想　编著

工业产品设计中的
视觉动力

●●●●● 第3版

人民邮电出版社
北京

图书在版编目（CIP）数据

工业产品设计中的视觉动力 / 李想编著. -- 3版
. -- 北京 : 人民邮电出版社，2020.1
ISBN 978-7-115-52801-8

Ⅰ. ①工… Ⅱ. ①李… Ⅲ. ①工业产品－产品设计
Ⅳ. ①TB472

中国版本图书馆CIP数据核字(2019)第290292号

内 容 提 要

本书以视觉心理学为基础，结合物理学基础知识，引出视觉动力学的概念，并借用方向、大小等概念对线条、图形、形体在工业产品设计中的表现加以分析，进而形成一个相对完整的分析方法。本书由浅入深地介绍了视觉动力概念在工业产品设计中的表现及运用，涉及多个种类的产品，使读者从一个全新的角度理解产品设计。

本书适合工业产品设计专业的学生、相关从业者及设计爱好者阅读和使用。

◆ 编　著　李　想
　　责任编辑　张丹阳
　　责任印制　马振武

◆ 人民邮电出版社出版发行　　北京市丰台区成寿寺路 11 号
　　邮编　100164　电子邮件　315@ptpress.com.cn
　　网址　http://www.ptpress.com.cn
　　北京富诚彩色印刷有限公司印刷

◆ 开本：787×1092　1/16
　　印张：11.75
　　字数：385 千字　　　　　　　　2020 年 1 月第 3 版
　　印数：5 001 - 7 500 册　　　　2020 年 1 月北京第 1 次印刷

定价：89.00 元
读者服务热线：(010)81055410　印装质量热线：(010)81055316
反盗版热线：(010)81055315
广告经营许可证：京东工商广登字 20170147 号

　　工业设计是一个什么样的专业？这个专业的学生大多都在学习手绘和建模渲染，难道这些就是专业的重点？手绘技法优秀，或许可以成为画家；建模渲染能力强，或许可以成为电影特效制作的高手。而在实际工作中，其实很少提到手绘或建模渲染，因为它们只是工具，并非设计本身。

　　那么，这个专业的重点到底是什么呢？

　　也许答案不止一个。但可以确定的是，视觉美感的知识研究是其中非常重要的一环，它能指导我们做出更好的外观设计。

　　产品的外观设计并非是一种秘不可言、仅依靠个人艺术天赋跟随感觉创造出来的结果，而是可以运用"量化"思维和理论方法来进行处理的。

　　视觉动力理论就是这样一种知识工具，它利用类似物理力学的方法，通过对静止形态建立假想的物理模型，帮助设计师进行形态分析和设计。本书就是针对工业产品设计中的视觉动力内容进行的研究总结。

　　希望通过本书的学习，你能够从中有所收获，更快地建立属于自己的设计方法。

李想

首先我们要来说说什么是工业设计。

高考后进入大学，我被调剂到了工业设计专业，和很多同学一样，好奇这个专业到底是做什么的。虽然大一就有工业设计概论的课程，老师也仔细介绍过，但似乎始终没能理解。如今，已经毕业11年，经常有人问我是做什么的，我说是工业设计，接着对方又问，什么是工业设计？我只能指着旁边说："你看那是什么？"

因为工业设计是一个几乎有着无限外延的学科，所以无法用一两句话说清楚。但是，可以看看大学里我们都在学些什么。

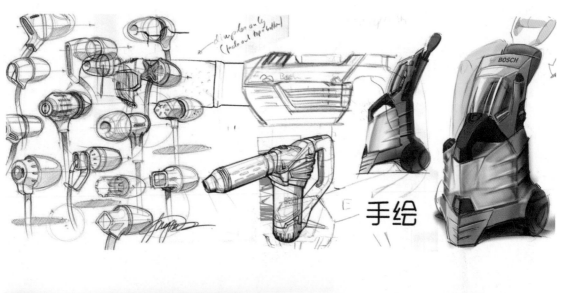

大学里，我们学习最多的就是手绘、建模和渲染，寻求大量可表现的结果。但似乎缺了点什么，我们好像都还没有学过如何用眼睛去观察一个产品，如何通过视觉学习去"看懂"一个产品的设计。

我们该如何看懂

　　"看懂"是需要学习的，你可能看过很多优秀的小说作品，但这并不代表你能写出好的小说。如果学习了小说写作的方法再去看优秀的小说作品，那么就能看出作者创作的方式。通过"看"可以直接学习，看得足够多也就能写出好作品了。又如同你去看画展，如果具备了视觉学习能力，不需要别人的解读，你就能明白作者的创作方式。看得越多，自己的水平也就越高。在工业设计的学习中，缺乏的正是这种通过视觉学习，直接对产品进行视觉解析的能力。那么，什么是视觉？

什么是视觉？ —种感受世界的方式　为了生存，为了繁殖

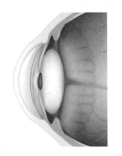

　　感觉是对客观世界的一种反映。比如，听觉和触觉可以感知外界机械刺激，味觉和嗅觉可以感知外界化学刺激，而视觉则能感知外界一定波长的电磁波的刺激。讨论人类的视觉之前，先看看自然界其他动物的视觉特点。

鱼类、鸟类、爬行类的四色视觉

　　鱼类、鸟类和爬行类动物的视觉与人类不同。人类属于灵长类，有三色视觉。而鱼类、鸟类和爬行类动物却有四色视觉，也就是说它们眼中的世界可能比我们看到的更加绚丽多彩，遗憾的是，我们永远不可能知道它们看到的世界是什么样的。

　　而除了灵长类之外的哺乳动物，比如马、牛、鹿等，它们没有色彩缤纷的外表，也没有四色视觉，只有两色视觉，就相当于人当中存在的红绿色盲。可以想象它们眼中的世界比我们看到的要暗淡一些。

　　灵长类为什么会出现三色视觉？从采集食物角度来说，三色视觉便于灵长类区分植物果实的成熟程度，也就是判断果实中的含糖量，这对于生存是非常关键的。

灵长类的三色视觉

目录

01

发现视觉动力

人类的视觉在色彩数量上不如鱼类、鸟类和爬行类动物，但是其视觉信息处理能力并不逊色。我们的视觉不仅能让我们识别果实的含糖量，它还能带给我们美的感受，这又是为什么呢，这种多余的视觉快感奖励为什么存在呢？

首先来看看视觉系统是如何工作的。外部世界的色彩通过光传递到眼球，投影在视网膜上，然后通过视神经传给大脑的视觉皮层。对，你可能注意到了，视觉皮层并不是主观意识。视觉皮层需要把接收到的外界信息进行加工处理，然后提交给主观意识，随后你我才能感觉到外部世界的美（如下图）。

你可能看到这些名词就晕，来个形象点的模型（如右页图）。

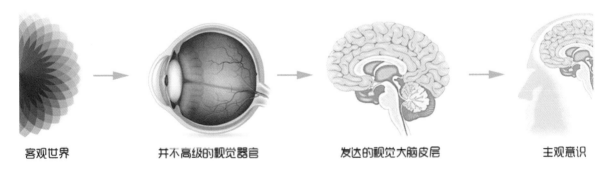

客观世界　　　　　并不高级的视觉器官　　　　　发达的视觉大脑皮层　　　　　主观意识

客观世界　　　　　　快递信息　　　　　　秘书接收处理信息　　　　　　老板只看结果

　　首先，外部的光线传递给眼球，眼球就是个快递员，把光线打包好，传给大脑视觉皮层，相当于我们的秘书，她坐在门外的一张办公桌前，她收到包裹后打开并处理，然后制作一份报告，交给主观意识。主观意识就是你我，我们坐在办公室里抽着雪茄，跷着二郎腿，接过秘书递进来的报告，打开一看，上面写着："哇，好美。"于是我们很开心。这就是我们感受到美的过程。它与我们寻找食物无关，它是进化中形成的一种额外的视觉快感奖励。怎么会这样呢？这是一个很大的话题，和我们的性选择也有关系，就像四色视觉动物那样，它涉及灵长类千万年进化的历程，这里不展开了。只是有一点很明确，视觉在进化过程中，与性选择密切相关，它有一个明确的发展方向，使我们对于美和颜值有了明确并且很高的标准。

300万年前的女性

　　300万年前，人类对异性外表的要求与今天大不一样。经过进化，人类褪去一身毛发，皮肤变得光滑，身材也变得不同。同时，人类的视觉偏好也随之变化。颜值，是性选择中无法逃避的一关。那么，颜值到底有多重要？

人与人之间交流，本质是大脑与大脑之间认知和认知的交换。如果脑电波可以在人与人之间直接传播，那我们也不需要面对面交流了，也不用通过听觉和视觉等感官来沟通了。但现实是我们仍然需要通过视觉、听觉这些基础的感官来实现交流。

今天，在技术的支持下我们可以通过视频、音频和文字隔空交流，但在虚拟世界中的交流永远不能替代面对面的真实交流。假设，你有机会和你心中的男神或者女神共进晚餐，在面对面的时候，你可能被他（她）的外表迷住。一顿饭下来，他（她）说了什么，你可能一点儿也没听进去。即使你想努力控制自己的注意力，但只要你的视觉和听觉通道是开放的，底层的审美选择功能就始终处于激活状态，你的潜意识不停地给你传递信号："哇，太帅了！太美了！"

相反，如果你与颜值不高的人一起吃饭，即使对方是非常了不起的人物，即使你依然希望认真听取对方的意见和想法，但你的潜意识还是会不断地给你传递信号："哎呀，太不美了，快结束，快结束吧。"这就是千百万年进化过程留给人类的自带的警报装置。在相亲时，即使对方条件非常好，你依然会期望对方的颜值能高些，不是吗？

如果你理解了颜值的重要性，再来看工业设计中产品外观的重要性就不言而喻了。

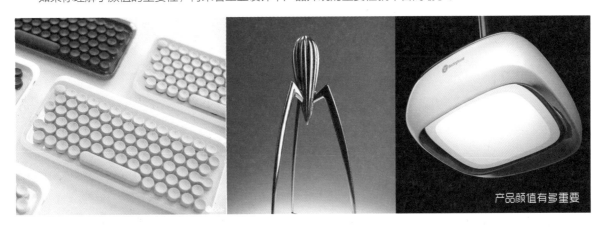

产品颜值有多重要

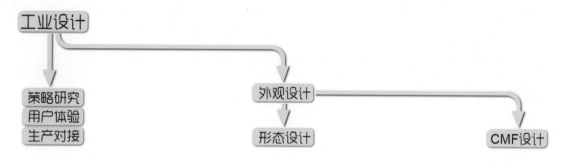

这样一来，我们就可以讨论工业设计这个专业的分支中为什么会有外观设计这一个被独立出来的内容了。除了使用体验、产品功能、性价比等影响消费的因素之外，产品的颜值也是内心永恒的期待。而在产品的更新迭代中，又以外观迭代最为频繁，所以自然就独立出一个分支，专门设计产品的颜值。而在外观设计中，还可以分为形态设计和CMF设计。什么是CMF设计呢？

CMF是Color-Material-Finishing的缩写，也就是颜色、材料、表面处理的概括，如下图中蓝色织物、木材木纹、高亮的塑料件和金属镀层等。CMF是在对产品形态已经不能改变的情况下，在视觉上追求更多可能性的方式。在消费电子类产品中应用尤其广泛，如手机产品，在外形确定了以后，还要设计出不同价格、不同颜色和材质的版本。这样，CMF就再次独立出来成为一个专门的研究领域。

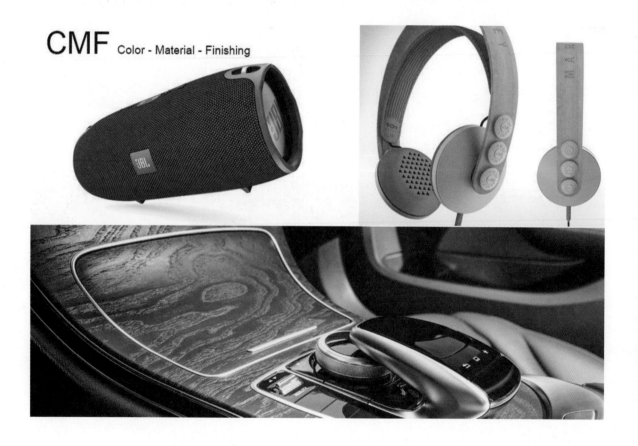

在人类身上，CMF就相当于以女性为主的化妆手段。如下图中，从头发到服装，还有指甲、睫毛，甚至瞳孔的纹路都试图做改善。还有的需要更多花费，如文身或在身体局部打上金属装饰品。

什么是形态设计？其实在设计过程中，形态设计是在CMF之前进行的，如同做雕塑，使用单一色彩的材料，只追求形态上的完美。这就要求设计师具有比较好的雕塑功底。有的产品，在CMF上不做太多尝试，而偏向于在形态上创造更多可能性（如下图）。

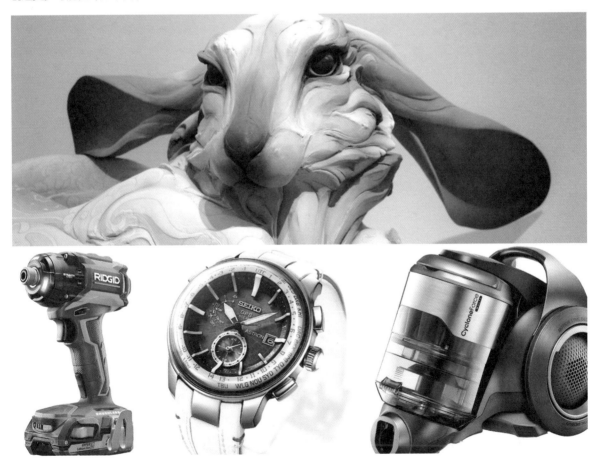

在我们身上，形态设计就好比整形手术。例如，比较流行的下颌骨手术，为了实现脸型的提升，对骨骼进行修改，必须进行手术级别的操作，而不是化妆。工业设计师通常被调侃地称为做外形的，但真的要做好外形，其难度与整形手术类似，虽然工作的结果只是外观发生了变化，但工业设计师的角色更像是整形医生，而不是化妆师。说到这里，我们才对工业设计有了大致形象的比喻。

说到颜值，似乎没有什么规律可循，她确实漂亮，但为什么漂亮就很难讲得清楚了。产品的外观也是一样，怎么样更好看，是应该依靠直觉，还是有一个理性的思维方式可以帮助我们思考？也许本书能给你提供一些答案。接下来，请允许我带你慢慢看懂产品的外观，通过模仿来学习外形的设计方法，开启你自己的创作旅程。

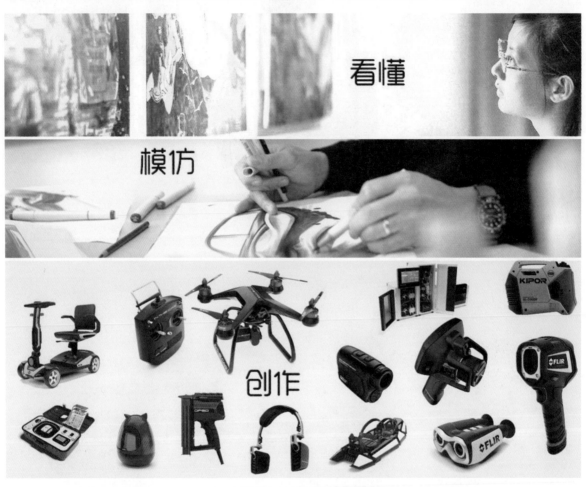

02

什么是视觉动力

视觉动力是什么

什么是视觉动力？

它也是一种假设，当我们看到某些图形，在视觉上产生了力量感受，假设这个视觉力量是存在的，并称它为视觉动力F。如果你不承认这个假设，那么书后面的内容也就没有任何意义了。所以视觉动力是指用来描述视觉感受的一种概念工具，并不真实存在。

再来看一张图。下图是著名的比萨斜塔，之所以出名，是因为它看上去是倾斜的。我们在很小的时候就具有视觉上对于重力、重心、倾倒等物体运动趋势的判断能力。我们看出了比萨斜塔发生了倾斜，判断它有倾倒的趋势，但事实上它却始终没有发生倾倒，这与视觉上的判断不符，于是形成了一种反常又有趣的视觉感受（好比视觉皮层这个门外的秘书一直不停地给你报告，要倒啦要倒啦，没倒没倒；又要倒啦，还没倒还没倒）。

接着来分析一下，视觉是怎么判断它要倾倒的，视觉会把看到的物体轮廓和几何基准线进行对比，如水平线、竖直线等。对比之后，视觉发现图形有一个偏离基准线的趋势，这种趋势可以认为是视觉动力F，如下图所示。建筑似乎是被一个力量推动，发生了倾斜。同时倾斜的轮廓线又反映了它受到的力。简而言之，倾斜的线条会在大脑中形成一个视觉上的推力F。

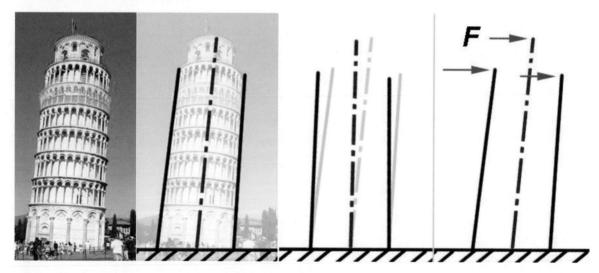

单条斜线可能力量还不够大，但是多条斜线的叠加就能产生比较强烈的效果，如下图中的电动工具的外观设计。

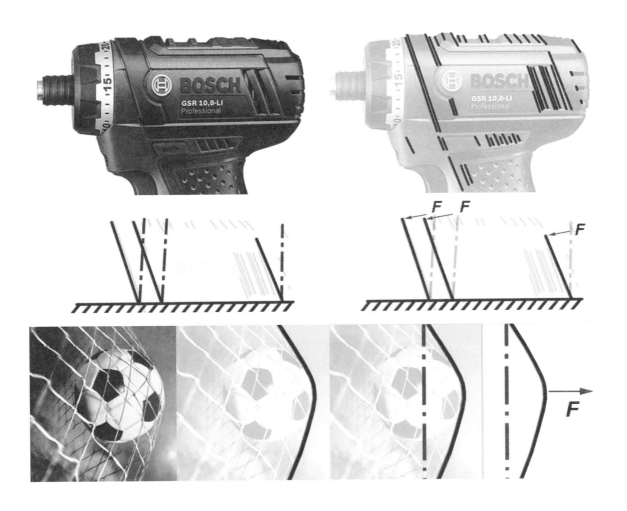

再看上图，是一个足球进门后飞到了球网上，使球网产生形变的瞬间。同样，视觉把球网弯曲的轮廓与竖直的基准线进行比较，感受到了曲线受到的力F。这种曲线的简单形变在设计中非常多见，而且曲线越扭曲，我们感受到的视觉动力就越大（如下图）。

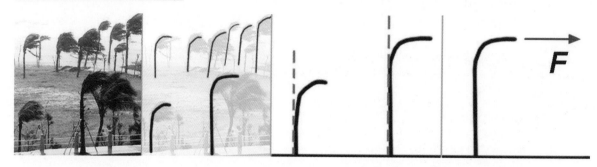

又如上图中暴风雨时树木弯曲的瞬间。视觉依然用曲线与基准竖直线做比较，看出一个视觉力F。但这种曲线比之前的更加丰富一点，因为整个树木的曲线在不同位置的强度不一样，树干处比较坚硬，所以没有发生弯曲，而树梢处比较软，则发生了剧烈的形变。所以这是一个受力但只发生局部形变的曲线形式。你能看出下图中，哪里有这样的曲线吗？

正是在这辆概念车的侧面，有一条类似的轮廓。可以发现，这不完全是举例中台风造成树木变形的样子。下图中的曲线，没有发生形变的一段是倾斜向前的。它不但用了树木变形的视觉动力，还结合了倾斜曲线的视觉动力效果，两者组合使用，效果更加强烈。

回到比萨斜塔的例子中，很多游客会用身体去支撑斜塔来拍照，这样，在画面上就可以实现视觉上的平衡了（如下图）。这是不是与初中物理题目中力的分析很像呢？

下面来对比几个产品在使用受力曲线前后的区别（下图中左、右两边分别为使用前、后对比图）。

组合斜线使得产品外形在斜线倾倒方向上的视觉动力表现大大增强。

只使用了一个形变曲线，效果比较温和，但仅仅是一个小的视觉动力的运用，也能有明显的区别。

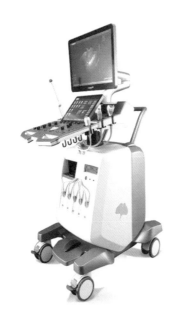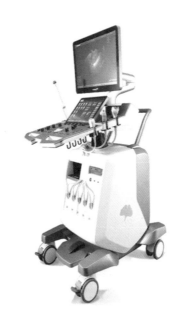

这是一款B超机产品。底部的主机体形比较庞大，缺少一些动感，所以用不同的颜色将它切割开，以减轻产品在视觉上的重量。带有斜线的切割方式，可以给产品提供更多运动和轻盈的感觉。

修改前，产品并没有使用斜线分割下部的主机形态，修改后，倾斜切割的形式使产品产生了巨大的动感。

左图中，跑车前脸大量使用斜线元素，来体现产品强大的性能。如果去掉斜线元素，改成基准垂直方向的线条，前脸给人的感觉就一下从跑车变成了家庭用车，温和而庄重。

下图中，不同斜线的连续使用能产生更多的动态效果，甚至与受力弯曲的曲线有相同的作用。

   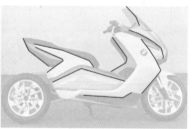

再来看下面一组图，产品上凸显力量的形变线条竟然和发力的公牛身上的线条非常接近，这并非巧合。

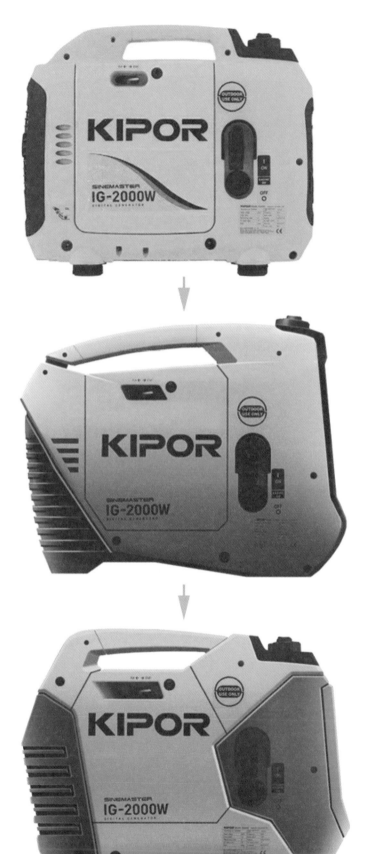

左图是一个便携发电机的产品，原本相貌平平，厂家希望增加力量感，来匹配它的产品特性。如何提升其外观上的力量感？就用这一章讲的增加倾斜线条。如果还不够有力，可以增加更多斜线元素，组合或者连续使用。左图中，从上到下，倾斜线条逐步增加，产品外形的动感也越来越强。

这一章，我们介绍了倾斜和曲线形变这两种简单形式所产生的视觉动力效果。请寻找你身边带有倾斜和曲线形变的元素，感受它们带来的视觉动力效果。

03

图形受力与形变

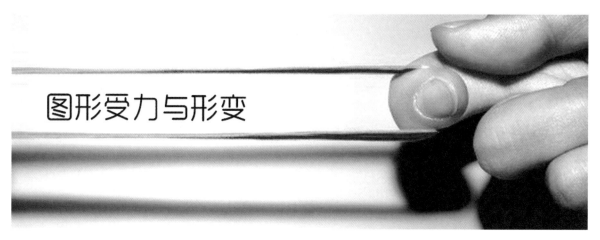

图形受力与形变

　　如果拿一款橡皮泥（如下图），捏住它的两端，然后慢慢拉扯。它会被越拉越长，中间部分会越来越细，而被手捏住的地方则没有太大的粗细变化。这是一般柔软材质受到两个相反方向拉扯力后自然呈现出的样子。

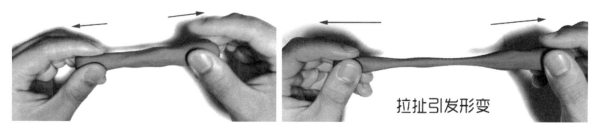

拉扯引发形变

　　如果将手中的橡皮泥抽象成一个平面图形（如下图），也可以模拟出这样的拉扯结果。图形受到两个方向相反的拉力，越拉越长，中间部分变细变窄。于是，可以得到一个简化的图形受到左右拉扯力量的图示。

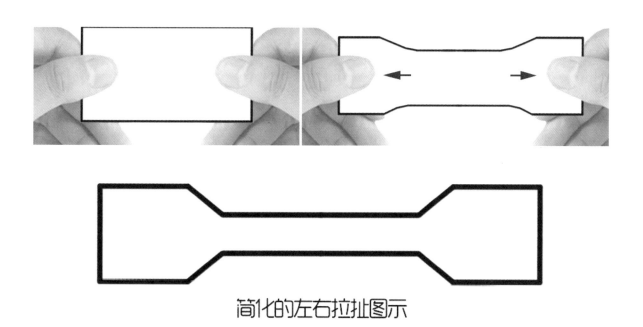

简化的左右拉扯图示

　　这种图示在汽车前脸的设计中有不少运用（如下图），它们虽然乍看之下非常不同，但其实都是同一个形式的视觉动力表现而已。有的拉得比较长，比较细；有的拉得不太多，不太用力。

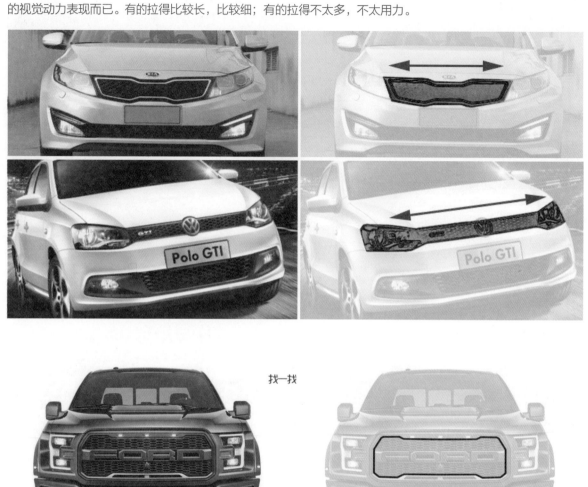

找一找

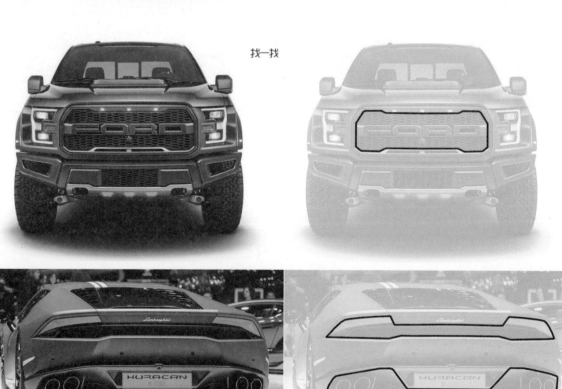

这里有两个

通过观察，我们可以找到这种拉扯图示的运用，同时也可以尝试在没有运用的地方有意添加这种图示，来增加动力效果。

对比下面左右两图中的不同。左边图中没有明显的拉扯图示视觉动力效果，修改后，能看出右边图中的效果有所变化。这里暂不讨论该不该使用拉扯图示，没有对与错的判断，只是让你感受到拉扯图示视觉动力效果。

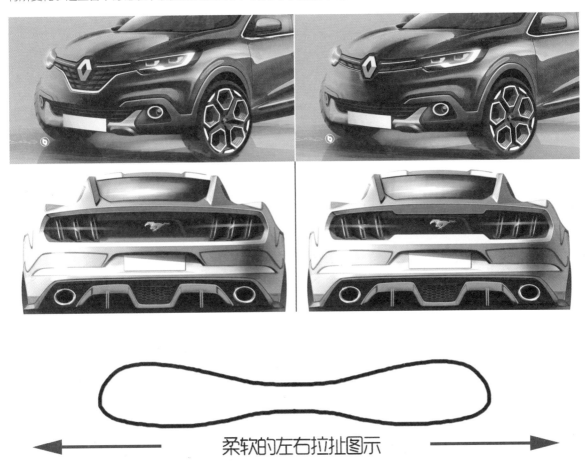

不过拉扯图示不一定要抽象成硬朗的，也可以处理成柔软的轮廓（如上图），和真实的橡皮泥的样子非常接近。把它们运用在产品中，比如接下来这个双目红外望远镜的头部设计。

　　现在想象一下，橡皮泥如果一直被拉扯，是会被拉断的，所以同样可以抽象出一个刚刚被拉断的橡皮泥的轮廓图形（如下图）。这样的图示也有运用，如汽车尾灯的设计。

　　汽车尾灯的轮廓就是一个橡皮泥被拉断的图示效果，如果你很细心可能会看出来，它下部的排气管的形态是一个拉扯图示。

　　那么拉扯图示和拉断图示哪个视觉动力效果更强？答案是拉扯图示更强，因为拉断的那个瞬间，拉力的反作用力就消失了，物体已经断裂，也就不需要拉力了。所以，只要借助熟悉的物理概念，就能想明白不同图示之间的区别了。

现在对橡皮泥做另一种处理，不对它进行拉扯，而是把它压扁在桌面上，然后用一根手指在它的下半部分从左到右地涂抹过去，使它的下半部分发生巨大的形变，在桌面上留下长长的拖曳痕迹（如下图）。然后把这个样式进行图形抽象，可以得到一个局部受力发生剧烈形变的视觉动力图示。

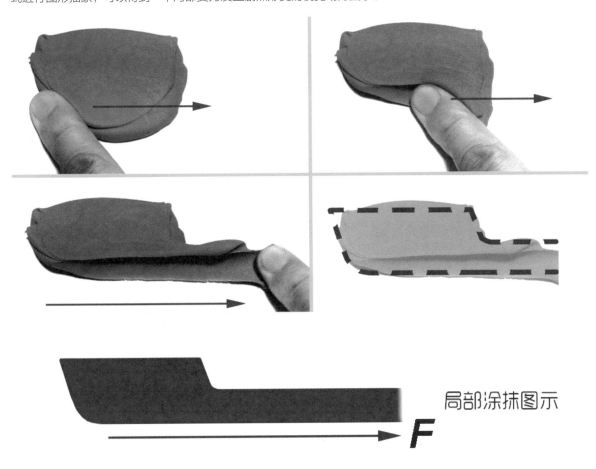

局部涂抹图示

F

在下图的汽车车灯设计中，会用到这样的局部涂抹。

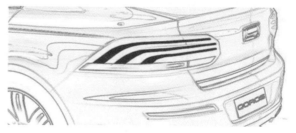

"02什么是视觉动力"中讲过一个被吹弯的树受力曲线的例子。观察下图中汽车的尾灯设计，可以看出这个涂抹图示和那个曲线图示动力效果非常接近。只不过一个是曲线，另一个是图形，曲线只有弯曲形变，而图形还有粗细变化。它们其实是同一类受力变形的样式，只是受力的对象不同。

汽车前脸的设计中，有的同时使用了左右拉扯和局部涂抹。多种方式组合使用是比较多见的（如下图）。

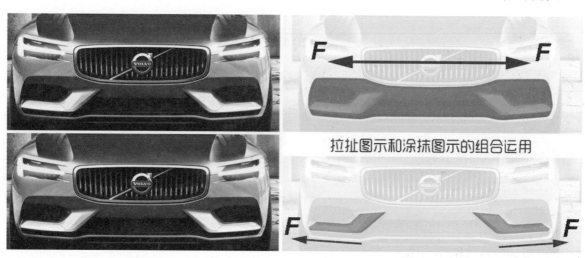

拉扯图示和涂抹图示的组合运用

理解了拉扯力后，我们就可以针对更为复杂的图形进行施力拉扯了，看看它们会发生的形变，以及产生的图示在产品中的运用。如下图中的回字形。

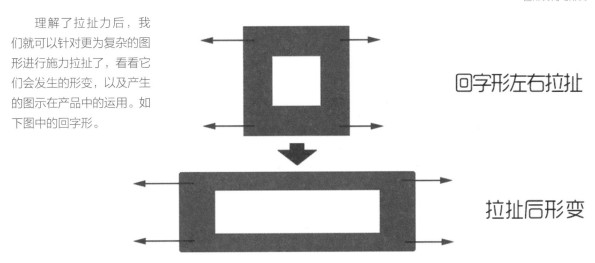

回字形左右拉扯

拉扯后形变

如果说卡车进气风口的形态处理可以比较容易看出来，那么，某些家电表面上采用的图示就显得比较隐蔽了（如下图）。你看出来了吗？

接着我们再来换一种拉扯对象（如下图），这次用四个拉力来双向拉扯一个竖直矩形。随着用力的持续，图形的形变越来越剧烈，向左的两个同向拉力之间的区域没有发生剧烈形变，基本保持了原本的粗细，而方向相反的两个拉力之间的区域则变得越来越细。

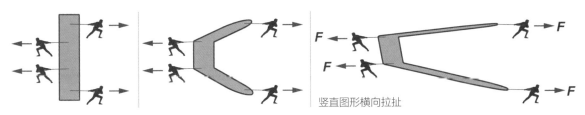

竖直图形横向拉扯

这样的图示比第一种左右均匀拉扯的图示更具方向性。因为原本的竖直图形变成了一个带有一定角度的向左的梯形，所以它的向左趋势更强。在汽车车灯的设计中，它也被广泛使用（如下图）。

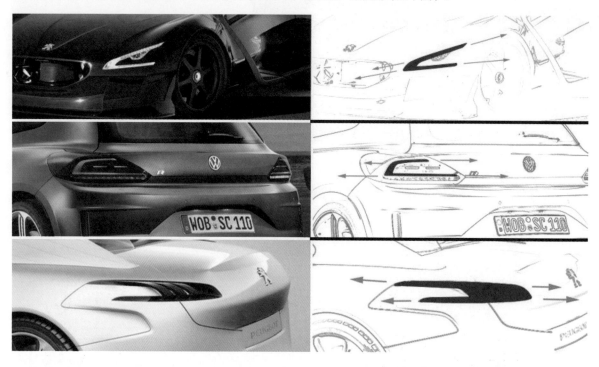

再来看下图中的汽车尾灯的设计，整个尾灯的外轮廓是这种竖条图形横向拉扯的图示，而内部的刹车灯亮起的那一条光带，又是"02什么是视觉动力"内容里的受力弯曲的曲线图示。像这种同样的受力类型，把受力曲线和受力图形组合在一起使用的效果也很不错。

曲线形变与图形形变的叠加运用

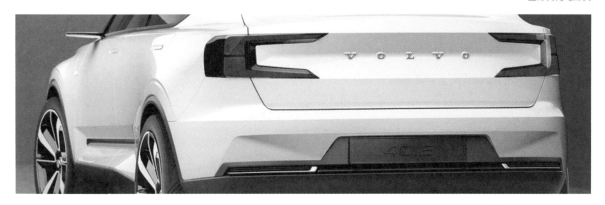

看上图这个汽车尾灯设计也使用了同样的图示，一个竖直图形被横向拉扯，只不过轮廓上有一点点的不同。但这里可以用另一种图示来解释它。下图中是之前提到过的回字形图形受到左右拉扯的图示，如果拉扯持续，那它被拉断的那一刻正好就是竖直图形横向拉扯的样子。好神奇，不是吗？

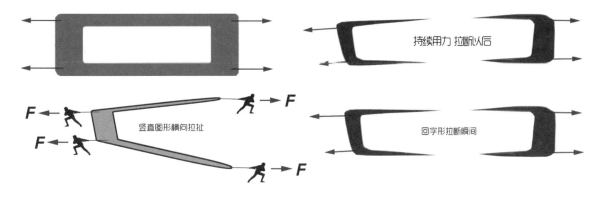

所以，本质上它们是同一个图示。可能这么说会让你有点懵，但这正是本章节的关键。继续看其他例子，下图中的汽车尾灯设计也是一个回字形横向拉扯的图示。不太像？是的，因为拉断了。可是，还是不像啊？是的，因为只拉断了下面那一段。

现在做一些修改并对比，下图中，左边是对同一辆车的不同样式的尾灯修改，右边是相应的其他参照车型。

图1是回字形横向拉扯，下部先断裂的图示。

图2是图形局部涂抹的形式。

图3是竖直图形横向拉扯的图示。

当这些图示在下图右边不同的车上运用时，可能不容易看出它们的关联性。但放在下图左边同一辆车上的时候，它们之间的关联性就一目了然了，它们其实都是同一个样式，只不过细节上有些区别而已。所以，这里我们可以看出：所有的图示，它们的本质都是图形受力后发生形变，与"02什么是视觉动力"中曲线受力形变是一样的。所以，我们只需要识别出图形的受力和形变，能够直接感受到它们的视觉动力效果就可以了。

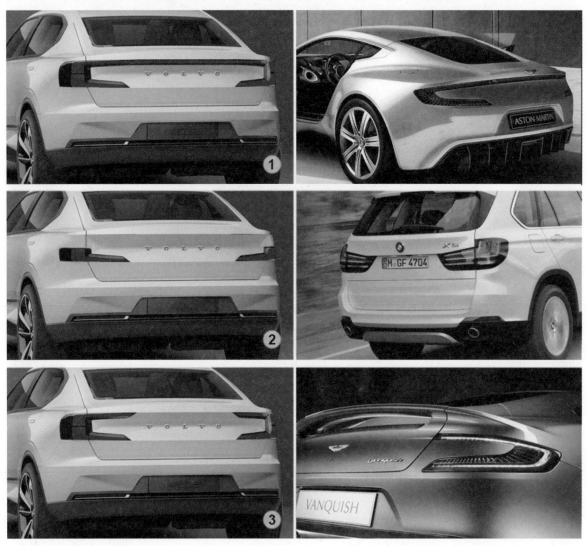

04

施力者与受力者

　　前面章节中介绍了单个曲线或者图形受力后发生的形变，本章介绍的依然是受力形变，但不再是单一图形，而是两个或两个以上图形，并且是其中一个图形去攻击另一个图形所形成的冲突状态。我们把这两个图形的角色分别称为施力者和受力者。下面来看看它们之间发生的事情。

　　下图是一个汽车尾灯的设计，我们来分析一下它的组成。简单来说，可以把它分成三个图形，看作是三个角色，分别编号1、2、3。很明显，1号图形和2号图形之间有些冲突，而3号图形似乎没有参与它们两个之间的事情，所以可以先忽略它，直接研究1号图形和2号图形之间发生的事情。

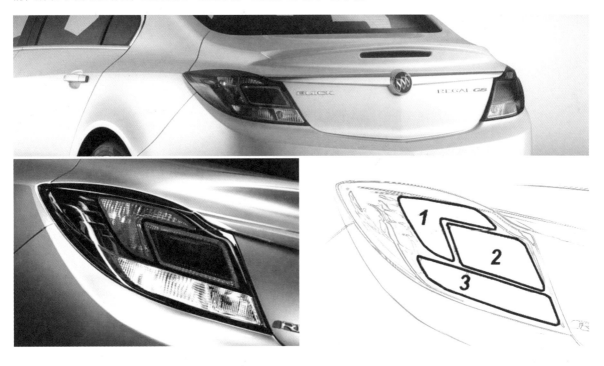

　　为了便于理解1号图形与2号图形之间的关系，这里我们虚构了一些故事情节（如下图）。首先，2号图形原本是个规矩的矩形，然而受到方向相反的两个拉扯力，在外力作用下变成了一个平行四边形。接着它看到了1号图形，向1号图形走了过去，并且把它逼入了墙角。1号图形相对软弱，被2号图形顶在角落里动弹不得，而且发生了剧烈的形变。时间就定格在这两个图形发生冲突的瞬间，它们的形变形成了一个合力的视觉效果。

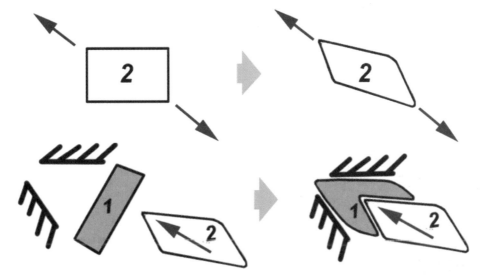

　　这就是本章的两个主人公：施力者（2号图形）与受力者（1号图形）。它们之间发生的形态冲突与我们熟悉的攻击状态相似，并且可以像做物理题目一样求它们的合力，这个合力的视觉动力效果更加强烈（如下图）。

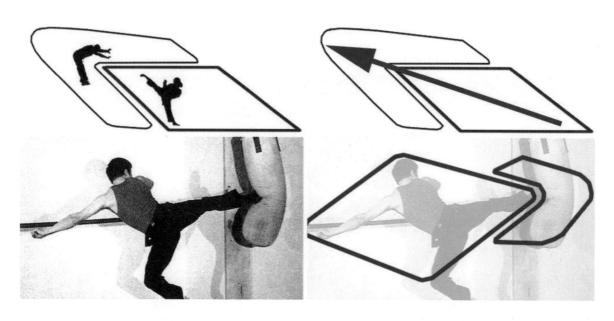

　　再来看下图中整个车尾的视觉效果，有没有两边向斜上方的动力感受呢？如果有时间，你可以把下图中的图形样式（施力者和受力者），用手绘的形式画在纸上以加深印象。

　　接下来，看另一款汽车尾灯的设计，它同样是采用了施力者和受力者两个图形的相互关系来塑造的视觉效果，而且它运用了两组一模一样的图示。每一组冲突图示的视觉动力是向斜下方的。

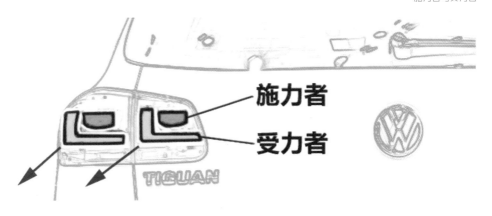

下图是汽车尾部的整体效果。

当然，在其他产品上这样的运用也有不少。下图中，滑雪靴的细节设计就运用了很多施力者和受力者冲突形式的组合，你看出它们的视觉动力的方向了吗？

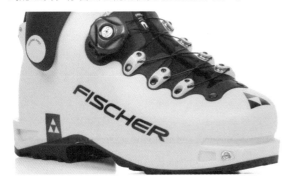

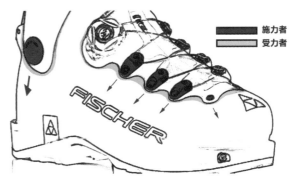

在接下来这个例子中，情况有所不同了。因为这个产品上使用的图示当中有两个施力者，一个受力者。虽说两个施力者与一个受力者之间的冲突应该更加呈现压倒性趋势，但施力者2还没有赶到，受力者已经被施力者1制服了。这时候施力者2还在接近的路上，所以没有明显强烈的效果。但这个组合呈现出来的冲突，依然比单独的一个施力者和受力者的组合要强一些。

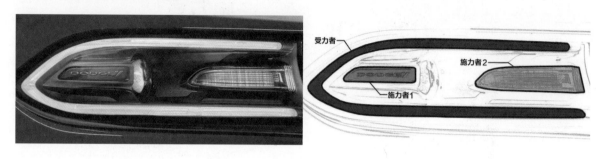

再看下图中的产品，这个图形之间的冲突角色就更加多了，可以认为有三个施力者，和一大堆数不清数量的受力者。这样的组合形成了更加丰富的动态效果。所以我们说，理论上施力者和受力者角色是没有数量限制的。

下面再看更多的例子。

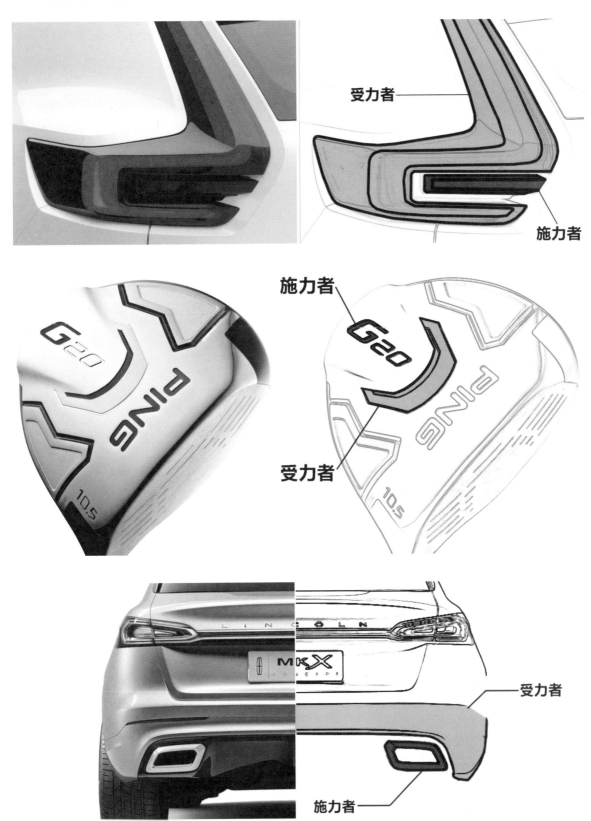

接下来，我们讨论一下施力者和受力者之间的距离问题。在以上的例子中，施力者和受力者之间的冲突程度是不一样的，这也是两者之间视觉动力大小的关键。

当施力者和受力者的距离适中，两者形成的冲突感和力量感也较为适中（如左图）。

当施力者和受力者的距离很近，它们发生了直接的接触，冲突感和力量感达到了最大效果（如左图）。

当施力者和受力者的距离很远，它们的矛盾相对较弱，冲突感和力量感也变得非常弱（如左图）。所以通过两者距离的调节，可以控制它们的视觉力量效果的大小。

除了调节距离之外，还可以对施力者进行强调，来增加它们的动力强度。下图中，施力者越明显，效果就越强烈（右边比左边明显且效果强烈）。

下图这个例了有一些特别，图示1中找出的受力者和施力者组合成了图示2中的施力者，它们一起去挤压另一个受力者。这是一个双层的施力者和受力者图示的嵌套模式。虽然只定义了受力者和施力者两个角色，但它们的使用似乎并没有这么简单，可以有多种形式，就看你能不能灵活运用它们了。

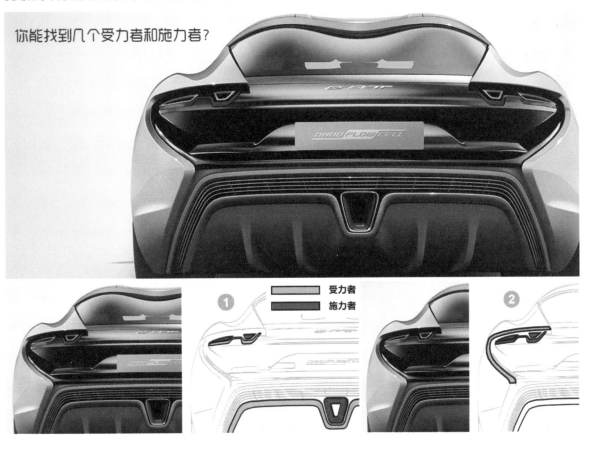

再看下图中的例子，它是一个施力者和两个受力者的组合，视觉动力有更加强烈的感觉。

同时，我们可以尝试把这个施力者的Logo位置改换一下，把它移到一个受力者的图形中。受力者没有变化，动力效果却因为施力者的缺失而有一些减弱，更重要的是，Logo的强调效果消失了。你会发现，施力者的位置是一个被强调和突出的位置，如果想要凸显Logo，强调品牌，那么施力者位置是一个摆放Logo的好地方。

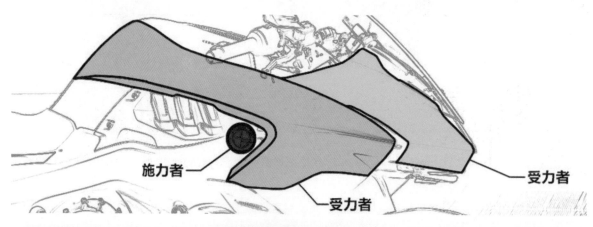

当然，不是在所有情况下都需要强调Logo的。即使是同一品牌，同类产品类型，也可能不需要那么强的动力效果，例如，下图中的这辆电动车。

以上我们介绍的施力者和受力者之间的压迫和冲突形式算是一种低速动力效果。下面再来列举另一种冲突形式。一种高速动力效果，它就如同子弹打穿物体那样造成杀伤性的破坏。

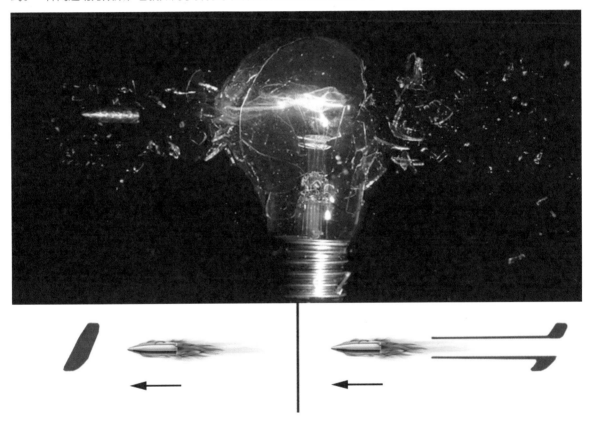

现在选择一种软质的物体（如上图红色物体），先用子弹向它射击，然后用高速摄影机拍下子弹将要打到物体和子弹击穿物体以后的两个瞬间（如上图从右到左）。尤其是子弹击穿物体以后的瞬间，我们可以想象一下它的样子并抽象成一组图形。这组图形就代表着物体被高速破坏后形成的视觉动力。下图中汽车的前后车灯都是采用了这种物体被子弹打穿的图示效果。

　　为了体验这种图示的效果，可以看看它在被子弹打穿前的样子（如下面右图），它原本是"03图形受力与形变"讲到过的回字形拉扯拉断后的样子。随后，设计者又在这个图示上做了一些补充，形成了现在的效果。我们可以对比一下左右的效果，看看更喜欢哪一种。

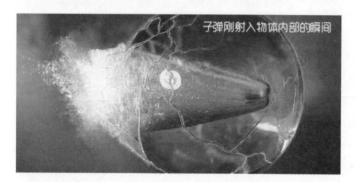

　　刚才说到，用高速摄影机拍下两个瞬间，一个是子弹还没有遇到物体，另一个是子弹已经穿过物体。那还有其他瞬间可以采集吗？比如，子弹刚打入物体内部，还没有穿透的那个瞬间（如左图）。采用这个瞬间作为动力图示的设计也有不少，如汽车尾灯的设计图示。

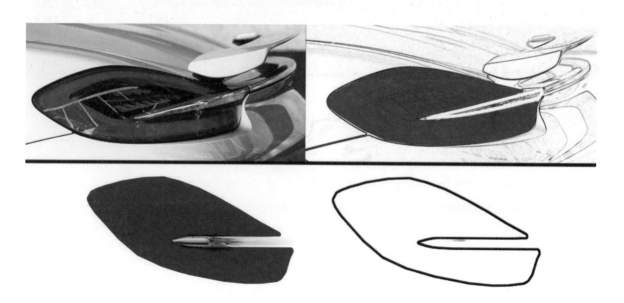

下图中，除了汽车尾灯的轮廓是子弹射入物体的动力效果图示之外，我们还可以看到，内部的刹车灯和夜行灯的形状采用的是"03图形受力与形变"讲到的图形受力变形的涂抹图示。

你可能会发现，不少设计例子中的被子弹击中的图形，本身就具有很好的视觉动力效果，是一个受力形变的图示，更有趣的是，有的子弹还不走直线，如下图所示。

在设计方案时，经常因为想不出其他方案而苦恼，你可以想想下面的草图。它们每个设计都不一样，但其实都使用了同一个效果图示，即子弹射击物体。截取子弹经过物体的不同瞬间（如下图结构1、结构2、结构3所示）。如果还不够用，还可以尝试改变其他变量，如子弹的大小、被射击物体的材料属性等。例如，下图结构4中，假设物体是一种无法被子弹打穿的特殊材质，有高韧性，只会发生剧烈变形却不会被击穿，而子弹最终会被它拦截。

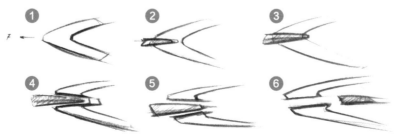

在车灯的设计中，也能找到例子（如下图）。

其实很多汽车前灯和后灯的设计，使用的都是同一个效果图示。

本章的内容和"03图形受力与形变"的内容并不是完全独立的。子弹射穿物体后的图示，子弹飞走后留下的图示就变成了"03图形受力与形变"的上下镜像的两个涂抹图示了（如下图）。

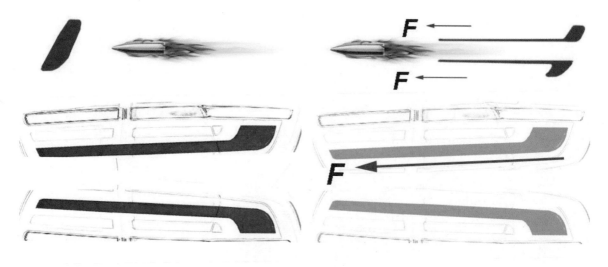

所以，施力者的存在是在单独图形形变基础上的一种加强方式，并且通过调整它的位置来把控图示的动力效果的强度。但主要贡献还在受力者身上。如果没有受力者的夸张形变，施力者自己是没有效果的。如同神奇的气功大师表演：大师接触过的徒弟们一个一个地夸张倒地，对比大师一动不动的淡定自若，视觉上形成了非常震撼的效果，显得大师无比神奇。这也是采用了通过形变剧烈的受力者来衬托出纹丝不动的施力者的方式。

05

形态的生长与约束

回顾前几章的内容，对线条或者图形的分析，其实是在它们静态的一瞬间中，加入了时间的维度，使它们有了过去和未来。比如，它之前受到了力，所以现在发生了形变，后来它又有了其他变化。加入了时间维度，一切静止的对象就都有了故事。一个图形受力，它受力前就是另一个样子，那再之前呢？一个图形受力，随后它再受力会变成什么样子，继续受力之后呢？时间的维度似乎没有开端，也没有结尾。有没有不受力的图形呢？下面来看一组图，它可以回答这些问题。

下图中，圆形是平面中能找到的唯一没有视觉动力的图形，或者说它所受的力合力为0。所以，圆形可以认为是一切图形的起点，如同一粒种子。从这个起点开始，给它施力，使它不断的形变，一个接着一个，到最后一张图，竟然变得像一根树干，这是一个顺叙的过程。但一般分析图形的视觉动力，却是一个倒叙的过程。最后一个图，不看它之前的样子，你也能得出它所受的力，因为我们会把图形的轮廓与基准图形相比较。不过，准确地说，是与比它简洁的一个图形相比较就可以得出它的视觉动力。下图中，每一个图和它右边一个图相比，都要简洁一些，可以说，左边图就是右边图的基准对比图。所以纠正一下之前的说法，在分析视觉动力的时候，我们是通过把图形与更为简洁的参照图形相比较，才得出的动力矢量。

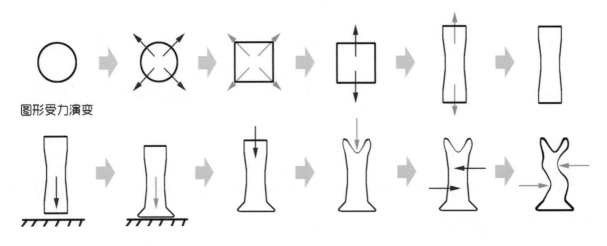

图形受力演变

下图中，单独观察其中的图形，你能分析出每一个的视觉动力吗？

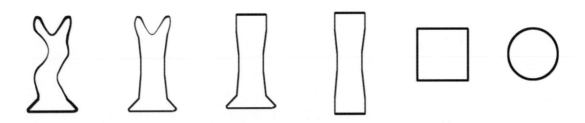

如果你可以不经过思考地看出视觉动力，并且不需要强调分析视觉动力的原理和方式。说明视觉动力已经唤起了你视觉的敏感度。

我们来看看下面这些图中的动力，你能否看出来？如果看起来有些吃力，可以参考旁边的标示图；如果看起来很轻松，那就去挑战一些更复杂的图吧。

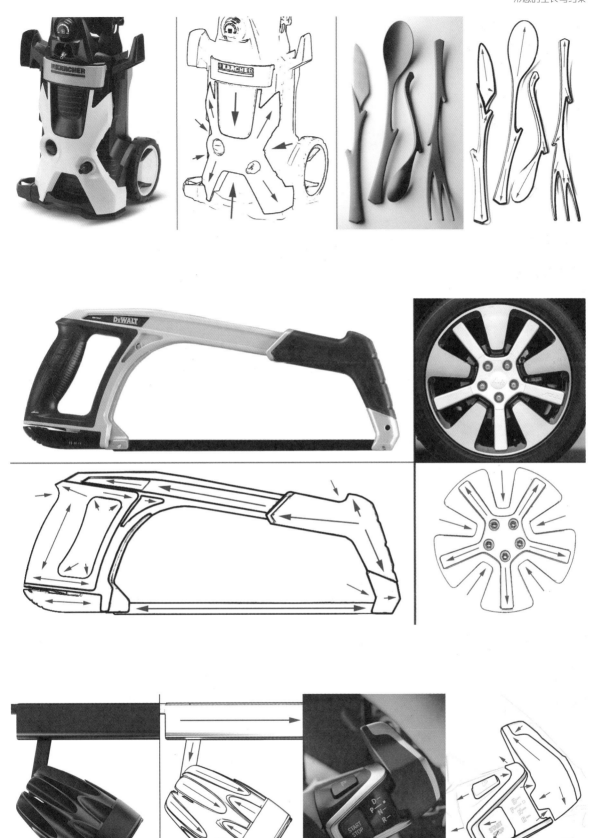

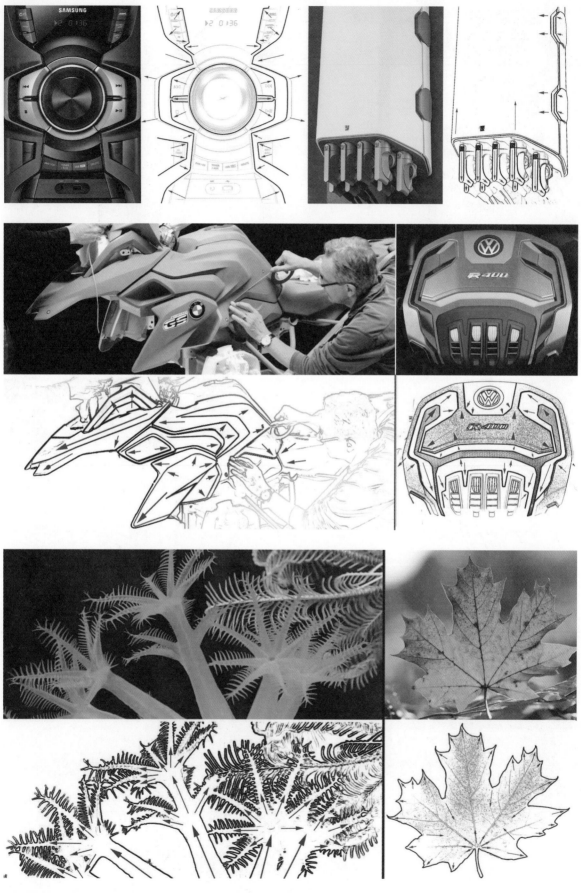

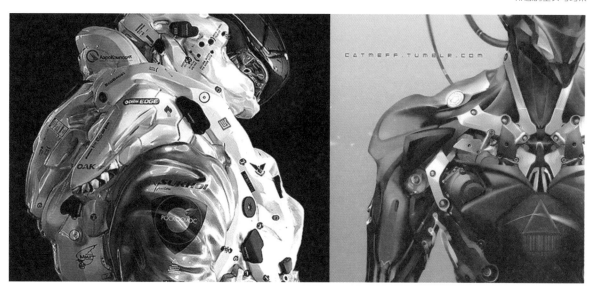

　　通过大量的观察练习，你可能具备了很高的视觉敏感度，可以看出许多视觉动力了。不过，看出视觉动力只是基础，更重要的是了解视觉动力的运用规律。下面有4个图形，用手遮住其中3个，分别观察它们，感受它们在视觉上的舒适度和力量感。总的来说，它们都是竖直向上的图形，只是在图形顶端的处理方式上有所不同。尤其是图形1，顶端其实没有做任何处理，它是一个标准的竖直矩形，它只有一个方向向上的视觉动力，给视觉上带来的舒适度是最差的；而图形2则受到一个方向向下的反向动力，把图形劈开了一段，它同时具有向上和向下的力；而图形3和图形4，在顶端添加的其他外力就更加多了。

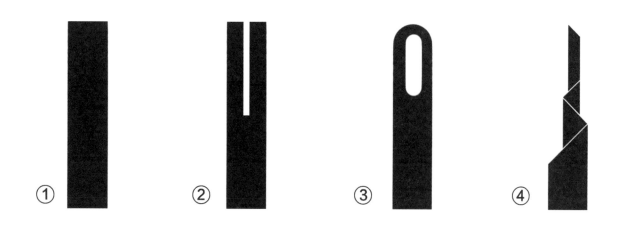

视觉舒适=符合客观规律
一切动力都有阻力，一切生长都有障碍

关于视觉舒适度是先天基因决定的，还是后天习得的，这里不做展开，我们只是来讨论什么是客观规律。以植物为例，内部生长力使它的形态不断延伸，如下图中的竹笋。外形视觉动力与其内部生长力是一致的。也许你只看到了单一的从地面向上的视觉动力，没有发现什么阻力。那为什么竹笋会是尖的，而不是像竖直矩形的样子向上长呢？尖的末端就是一种外力约束的体现。

自然环境对生命生长的限制其实是非常苛刻的，枝繁叶茂不代表它们的生长就不艰难。它们总会受到自然气候、土壤环境条件及自身供养等各个方面的限制。所以，它们都是以极微弱的优势在形态上进行延伸的，所以竹笋是尖的。来看看竹笋的动力分析（如下图），它从土壤中向上生长，因为受到外界向内挤压力的约束，外轮廓上是逐步减弱的。从结构上来看，竹笋是一层一层包裹的结构，每一层都努力地向上生长，但越靠近外界的组织，向上延伸的速度就越慢，所以也就形成了外表面向内的倾斜和分割。

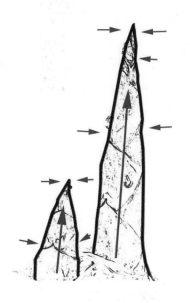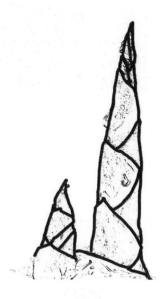

来看下图（左），如果我告诉你，这是一种神奇的树木，它从土里就是以一个圆柱的形式长出来的，而不是尖的，你会不会相信呢？即使你半信半疑，你的视觉也无法接受，因为它违反视觉常理，它分明是被人锯掉的。再看下图（右），它是一种叫沙鳗的鱼类。即使是动物，它们在生长过程中，头部的形态也不会是平的，一定也有一个伸缩缓慢向内收的形态。再如，壁虎或者蜥蜴的尾巴在被斩断后是一个平面，尾巴再生后，又会出现尖头的形态。

接下来，看树枝的分叉形态是怎么表述的，我们来抽象这个形态的变化过程，下图中，一个形体向上生长（绿色），之后受到外界阻力（红色），在微弱的优势下，生长力的策略是绕开阻力继续向上，于是开始分叉。但分叉会再次遇到阻力，于是就不断绕开阻力，不断分叉，形成了一个树枝的结构。

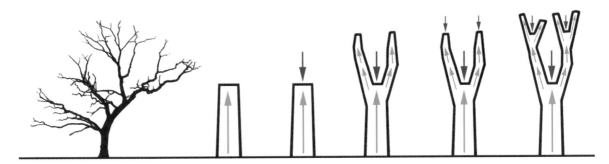

下图是上海世纪大道世纪广场上的一组柱体雕塑，它模拟了形态向上生长遇到阻碍后进行分叉的样式。也可以直接理解为一个向上生长的形态被当头劈了一刀，差一点劈断。请注意，这里千万不能劈断，因为生长力是具有微弱优势的，所以它一定得大于阻力才能使形态继续生长。如果劈断，就变成了两个独立的小形体了。

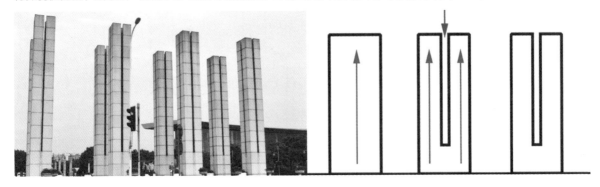

介绍了这些内容，再回来看下面这几个图形，就比较容易理解了。图形1，是向上生长却没有任何约束力的图形，视觉上给人带来一些不适感；图形2，是对树枝生长分叉过程的抽象；图形3，可以看作是沙鳗等长条类形体动物的形态抽象；图形4，则是对竹笋生长形态的抽象。所以图形2、图形3、图形4都搭配了外界阻力来约束生长力。这样比较符合客观世界的规律，所以视觉上会更为舒适一些，即使是隆起的山体形态也符合这个规律。

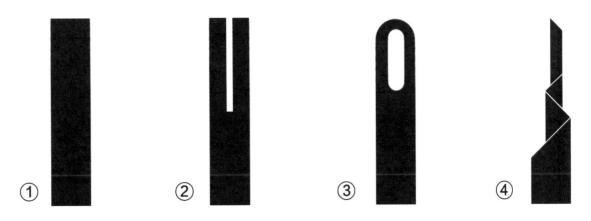

比如，轿车就是一个前后的长条形生长形态，为了视觉上的舒适度和动感，人为地在生长方向上增加外力的约束形态，形成凹陷与分叉效果。这种简单又有效的处理方法，在跑车上尤其多见。

又如香港中银大厦的设计，贝聿铭曾说过其灵感来自于竹笋。你能看出它们之间的相似性吗？

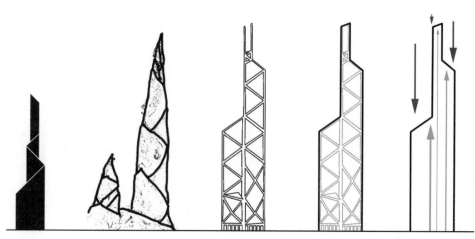

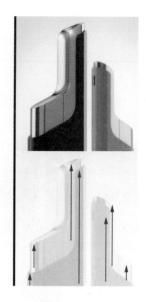

类似的生长与约束关系在其他产品中也有运用，左图中，没有标出外界阻碍力，只标出了形态生长力的分支，你可以自己体会它们受到的外界阻碍。

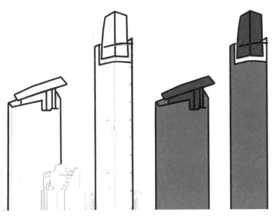

在建筑设计中，普遍存在对顶端生长形态增加外界阻碍动力的处理，并且手法各异，创意无限。

同时需要关注的是，当没有办法在顶端生长形态上加入外界约束形态时，该怎么处理视觉上的舒适度。我们采用的方法是，在顶端做视觉分割，如下图所示。这样把形态多分出一块来，就好像在原本向上生长的形态上压了一块大石头，让它的生长受阻。这种方法不仅使用起来比较容易，而且能达到想要的视觉效果，还能营造出简洁的风格。你可以遮住其中一个图，对比下面分割前与分割后的视觉感受。

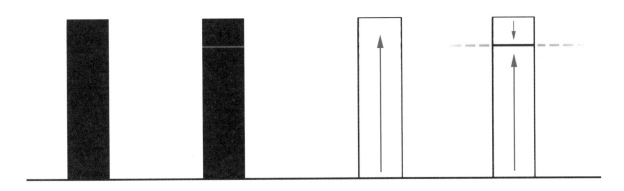

我们来看看单纯的分割在实际中的运用。建筑形态的自由度很高，很难想象在建筑中也会采用单纯的分割方式，可有的建筑就是追求这样一种极简的风格，下图中两个不同的建筑，它们的形态是一样的，只是左边一个在顶部做了表面分割处理，右边一个没有做表面分割处理，我们可以感受一下它们在视觉上的区别。

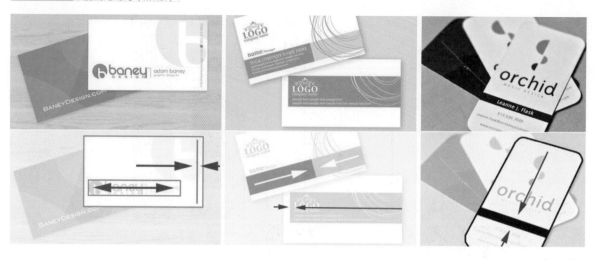

在平面设计中，单纯的分割也是一种常用的方式，只不过更多的时候比较隐蔽，不容易察觉，如上图中的例子。下面通过一些产品例子来看看单纯的分割在产品中的运用。

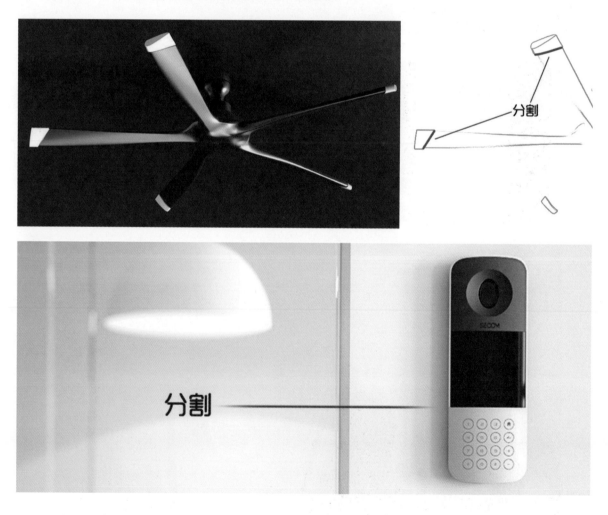

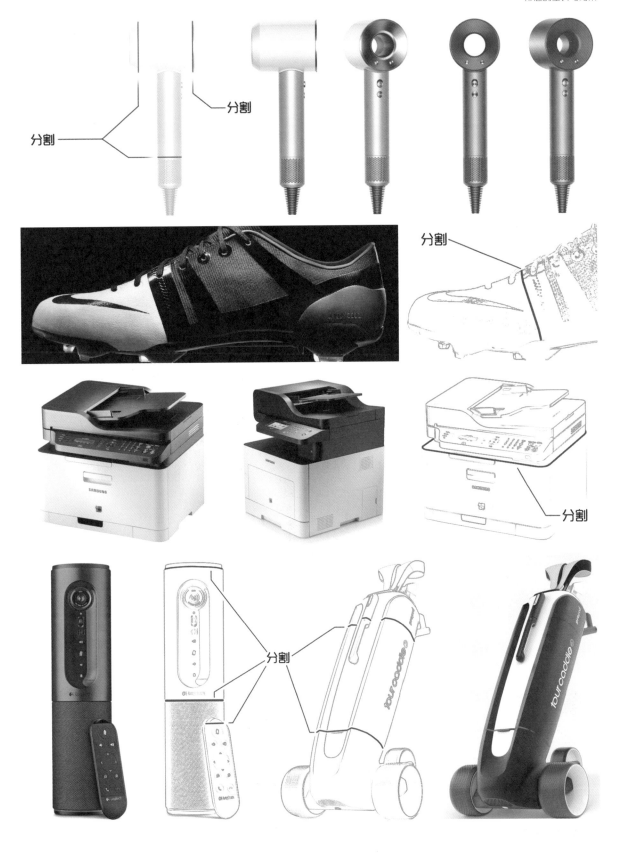

以上的例子都是以分割的方式为主的使用。既然都是分割的方式，它们之间的视觉元素就可以相互借鉴，尤其是色彩和材质的搭配，它们之间的相互替换效果也是非常不错的，所以在设计某一个产品类型时，不仅要寻找同类产品的资料，还要搜寻用到同一视觉处理方式的所有类型产品的资料。

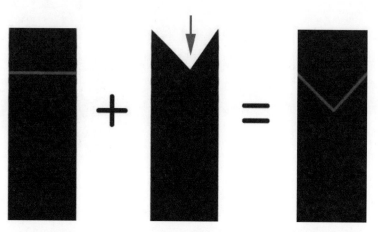

分割的方式并不是单一的，也可以与一些形变曲线相结合，从而增加阻碍生长的效果。左图中，直线分割可以演变成异形线条分割。

下面是平面设计和产品设计上的运用。

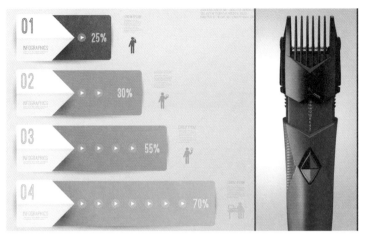

左图中，它们运用的是同一种折线式的分割，平面设计上比较明显，而产品设计中则不止一条，并且比较隐蔽。

在优秀的平面设计中，分割的运用也是非常丰富的。所以在设计产品的时候，如果想采用简洁的分割方式来处理视觉效果，也可以在平面设计作品中得到很多启发。

回到工业设计中，很多交通工具，尤其是公共交通工具，其车体形态都是一个长条的生长形态，所以外界阻碍形式的运用也非常普遍，如下图所示。

其实身边的例子很多。比如，手机的背面，Logo的位置，摄像头的位置，以及出厂信息等小文字的位置，这些对于一个长条形的手机轮廓形态来说，它们起到了什么作用呢？

06

先天形态与后天约束

很多产品的形态是天生的，好比我们天生就有一个头、身体和四肢。同类产品的差别其实仅仅在细节上，因为使用功能已经决定了它们的大致样子，如下图中的电动工具和吹风机。它们都是手持式的产品，所以都有手柄，仅这一点，就使得这两类产品在外观上非常接近。由于使用场景和功能的差异，其外观风格上不太一样，但像这样的产品，它的形态是走不出一个范围的，这叫作先天形态。

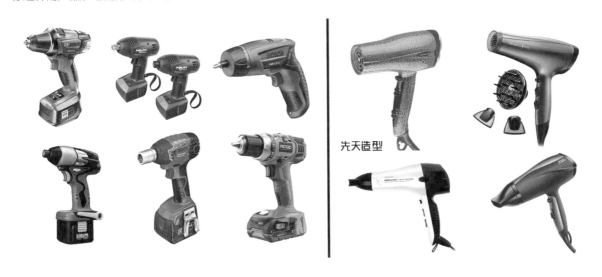

先天造型

有的产品有明确的先天形态，如单反相机；而有的产品则没有固定的先天形态，如音箱产品。

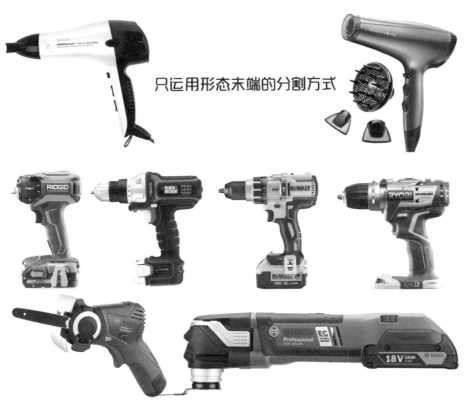

只运用形态末端的分割方式

在吹风机这类产品的外观设计中，大多采用了"05 形态的生长与约束"所说的生长形态末端的分割处理方式。而本章要着重讨论的是电动工具这一类产品，它的外观风格更体现力量感，突出坚固和可靠的感觉。对它的形态处理方式就要激烈得多。前一章讲的是形态的生长与约束，而本章讲的就是先天形态与后天约束。

在产品的外形设计的开始阶段，一般要进行先天形态分析的工作。下图中，我们把产品的轮廓拆解成3个基础图形。基础图形的标准是，可以提炼出单一和准确的视觉动力的图形。这样才能对3个图形分别做视觉上的处理。电动工具的主要处理的形态是图形1，因为上面有Logo和散热孔，是主要的细节分布区域，所以这一部分内容主要分析图形1的处理。

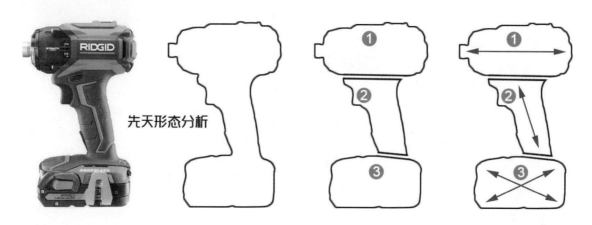

先天形态分析

手电钻这个工具有一个特点，就是它的头部安装钻头的位置有一个天然变细的形态，所以在这一端，一般不做过多的处理，顺应它的产品结构产生的先天形态上的末端自然约束（如下图）。那么，能够发挥的部分就主要集中在手电钻产品的尾部了。然后，我们来看一下大品牌的产品，它们分别是如何进行处理的。

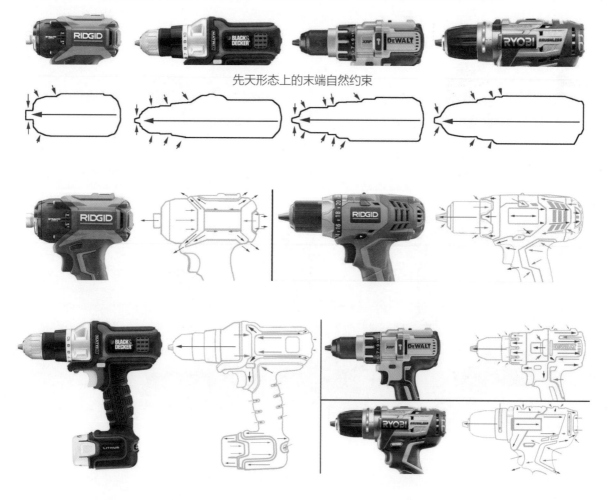

先天形态上的末端自然约束

以上的这些图例中，标出了两组视觉动力，大致根据生长和约束进行区分，用不同的颜色表示。有没有觉得这很像战争的战略图？正是这样，这其实就是一场战争，而我们的工作就是在制造生长势力与约束势力的冲突。

下面我们先利用"05 形态的生长与约束"中模拟树木受到阻力而分叉，或者被劈砍的样式来试着对一个空白的手电钻尾部形态做处理。

我们把入侵一方和生长一方的攻击形式都设置为劈砍式，入侵者先进攻，并且进行了三次劈砍，同时利用拉扯形态图示加强力度。而生长势力不甘示弱，利用同样的劈砍方式反击，插入敌方三个入侵形态的内部，直来直往非常激烈。这样，一个简单的电动工具的二维效果设计就完成了。

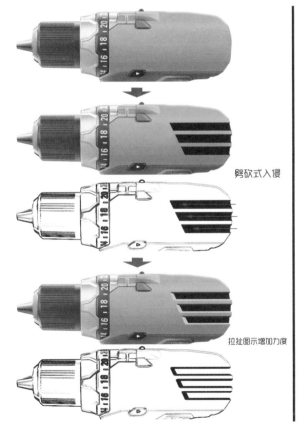

劈砍式入侵

拉扯图示增加力度

生长力对入侵形态反击

加上Logo
调整效果

　　电动工具是一种可以输出功率和动力的产品，它是个特殊的产品类型。所以它需要在视觉上呈现出一种力量感，特别是在它的钻头方向（以手电钻为例）。电动工具先得在视觉上传递出强力的效果，这对吸引顾客购买产品是非常重要的。所以，这类产品有一个工作方向，也就是它的动力输出方向。这是在设计外观时特别需要强调的。

动力输出方向（工作方向）

　　无论什么型号或者用途的电动工具，都会在工作方向上强调形态的冲突，也就是生长力和约束力的对抗。只不过有的强一点，有的弱一点，如下面这个手电钻。乍一看，外形比较复杂，但仔细分析，其实它所采用的形态处理方式并不激烈。我们来尝试把它修改一下，强调它工作方向上的冲突，来看看效果有没有不同。

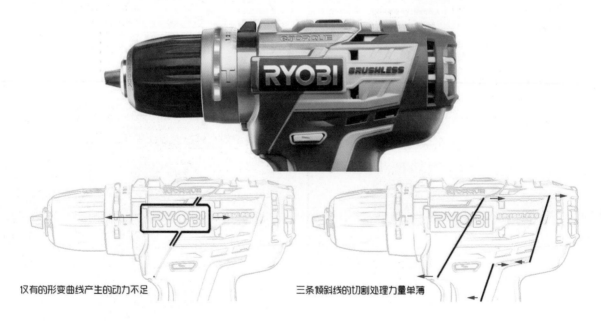

仅有的形变曲线产生的动力不足　　　　　　三条倾斜线的切割处理力量单薄

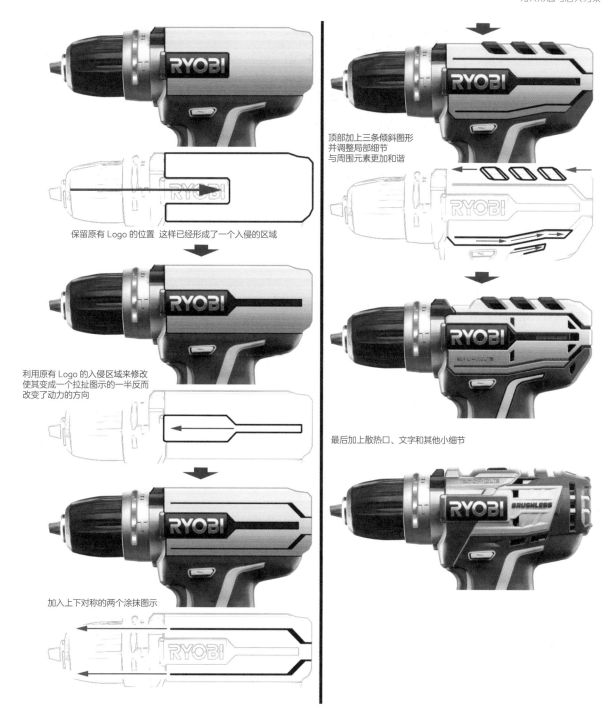

保留原有 Logo 的位置 这样已经形成了一个入侵的区域

利用原有 Logo 的入侵区域来修改
使其变成一个拉扯图示的一半反而
改变了动力的方向

加入上下对称的两个涂抹图示

顶部加上三条倾斜图形
并调整局部细节
与周围元素更加和谐

最后加上散热口、文字和其他小细节

这就是一个利用动力图示来增强手电钻外形在工作方向上的视觉力量的例子。当然，该如何加强取决于品牌的市场战略和品牌形象定位，这里只针对视觉动力进行一些外观上的观察和修改的示范。设计师在出方案的时候，如果觉得方案的力量感太强，或是不强，都可以利用这些方式进行相应的修改。

有的时候，设计师容易在设计方案时陷入一种困境，就是不断地增加细节，使效果图看上去非常复杂，正因为这些技法，方案表现出酷炫的感觉。但看久了就会觉得哪里不对劲，越看越不舒服。左图中的二维效果图，乍一看令人惊叹，但越看越乱，它甚至都没有产品工作方向上的力量感。当出现这种情况时，设计师需要停下来，从旁观的角度来分析一下哪里出了问题，再进行一些必要的修改。

末端采用包围图形，阻碍形态生长

在这个设计的末端，使用了一种包围的方式，这个方式在不少产品上都有使用。但是这个设计的包围图形的使用是有问题的，下面我们就来试着对它进行修改。

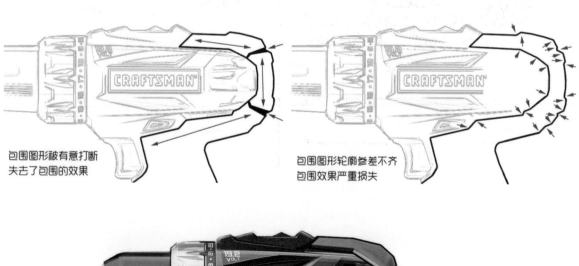

包围图形被有意打断
失去了包围的效果

包围图形轮廓参差不齐
包围效果严重损失

修复包围图形
减少轮廓参差转折

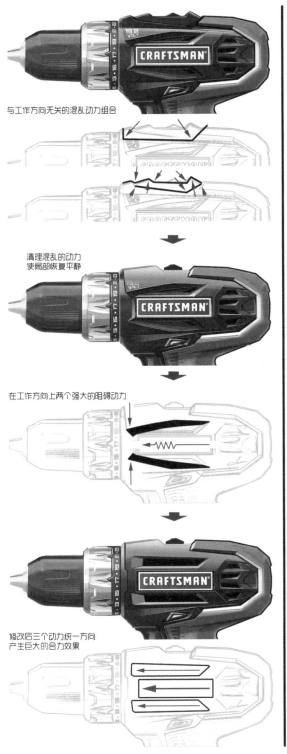

与工作方向无关的混乱动力组合

清理混乱的动力
使局部恢复平静

在工作方向上两个强大的阻碍动力

修改后三个动力统一方向
产生巨大的合力效果

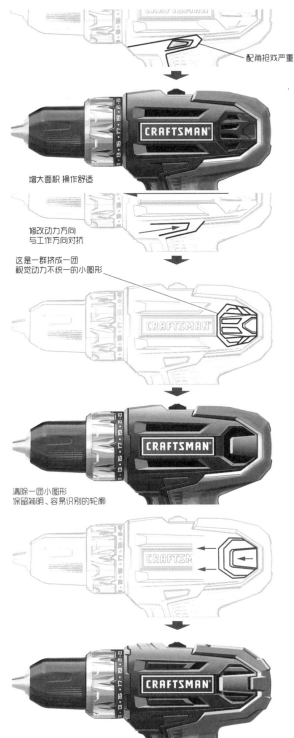

配角抢戏严重

增大面积 操作舒适

修改动力方向
与工作方向对抗

这是一群挤成一团
视觉动力不统一的小图形

清除一团小图形
保留简明、容易识别的轮廓

再增加一些小细节，方案的修改就完成了。由于是在原有设计上修改，难免受到原始布局的限制，但这正是练习的目的，在原有的布局安排中，寻找更好的结果。

做了修改练习，再来看看其他类型的电动工具是如何表现视觉动力的，如下图中的冲击钻。

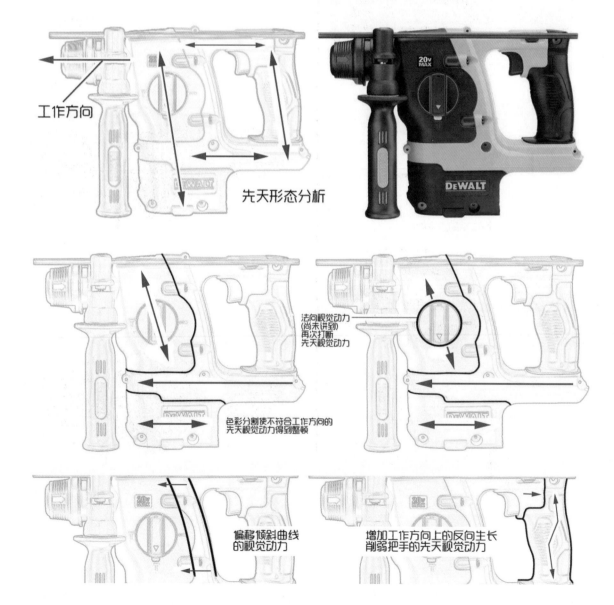

工作方向

先天形态分析

法向视觉动力
（尚未讲到）
再次打断
先天视觉动力

色彩分割使不符合工作方向的
先天视觉动力得到整顿

偏移倾斜曲线
的视觉动力

增加工作方向上的反向生长
削弱把手的先天视觉动力

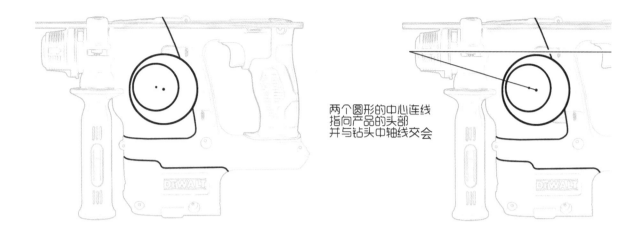

两个圆形的中心连线
指向产品的头部
并与钻头中轴线交会

下面我们来做一些修改，使它在外观上力量感增强。能看出我都做了哪些增强效果吗？你也可以自己做一下尝试。

接下来，尝试做一个产品的外观更新设计，推翻老的产品外观，从零开始做一个新的设计。同样，需要强调的是，产品工作方向上的视觉动力。看看从草图阶段就融入视觉动力会是怎么样的一个过程。

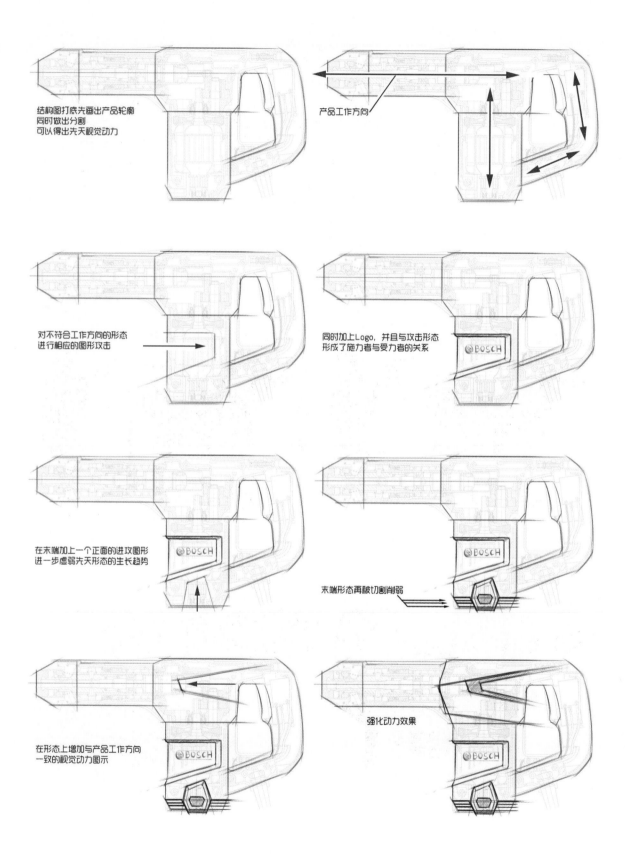

结构图打底先画出产品轮廓
同时做出分割
可以得出先天视觉动力

产品工作方向

对不符合工作方向的形态
进行相应的图形攻击

同时加上Logo，并且与攻击形态
形成了施力者与受力者的关系

在末端加上一个正面的进攻图形
进一步虚弱先天形态的主长趋势

末端形态再被切割削弱

在形态上增加与产品工作方向
一致的视觉动力图示

强化动力效果

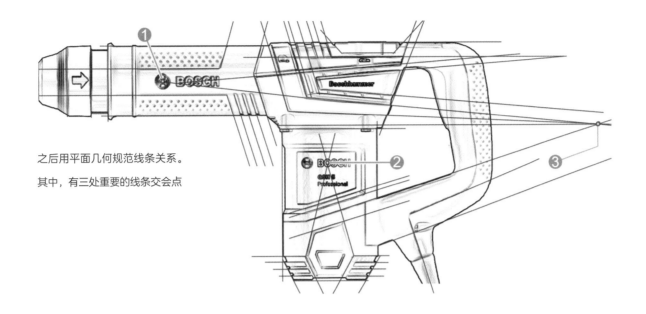

之后用平面几何规范线条关系。

其中，有三处重要的线条交会点

最终二维效果图

最终产品

这就是一个以草图起步，对一个产品外观的视觉动力进行设计和处理的案例。相比"05 形态的生长与约束"的简单分割抑制生长形态来说，本章的处理方式比较激烈，充满了对抗和攻击。虽然使用的都是之前讲过的一些动力图示，但不同的组合和变换之后，可以得到非常多样的效果。

07

动力分析+形态修改

"06 先天形态与后天约束"中，主要讲了电动工具类产品的设计形态分析。它们的图形对抗形式是比较激烈的，这里所说的激烈，正如下图中左边的橄榄球队员一样，发生接触与碰撞。

而本章要讲的是，汽车前脸的动力分析及相对应的修改。这方面的特征与电动工具不同，它的图形之间的关系很少发生接触与碰撞，大多是处于远距离对峙，两军对垒，有种剑拔弩张的态势。如下面的右图，在橄榄球比赛准备发球之前，双方队员的那个架势。

与电动工具设计步骤一样，选取一款汽车之后，先要对它的前脸做一个动力分析，不同的是，汽车前脸的设计相对自由度很大，所以没有先大形态缺陷和先大视觉动力。下图中，通过图形轮廓得出视觉动力分析是比较容易的。难点在于，知道了它的动力分析之后，该如何修改。不同于前一章，设计时明确的目标就是约束形态生长，增强工作方向的动力，而本章却没有了这些目标。

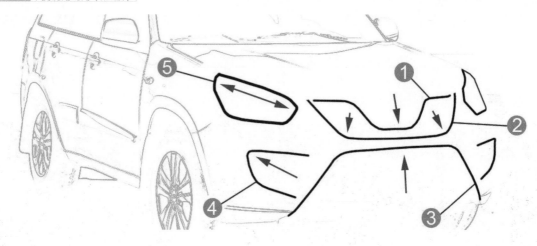

首先，可以把刚才的动力分析进行简化，一个图形或者曲线只用一个动力箭头表示，并把每一个箭头进行编号，这样就有了5个确定的角色，然后调整它们之间的关系（如上图）。从原设计中可以看到，整个画面的主要情节是由以曲线1和图形2为代表的从上向下的势力，和以图形3为代表的从下向上的势力组成。为了保证尽可能小的修改（实际案例中，汽车款式短阶段修改前脸的设计，不会大动干戈），我们就以原设计中的上下冲突为主题来进行优化。先把图形元素按照势力划分（如下图），蓝色代表向下的势力，红色代表向上的势力。这样每一个图形就有了目标，方便修改。

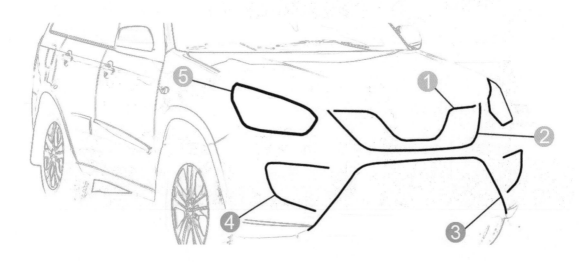

虽然说汽车前脸的图形元素不发生直接冲突，但这种情况下比的就是气势或者叫势能。还是以橄榄球比赛为例，双方势力越强，比赛就越精彩，但并不是气氛越紧张越好，如果比赛还没开始，就发生了冲突，这样的效果并不好。所以我们需要把控这种气氛，以增强对立感。

下面我们先来看看第一个例子该如何处理。

首先去掉曲线1，因为它与图形2是同一个方向的重复。当曲线1和图形2组合在一起的时候，反而形成了一个左右拉扯的图示，所以去掉曲线1，只保留图形2。这样图形2代表向下的势力，图形3代表向上的势力，双方势均力敌。

为了避免气氛过于紧张，把图形3向下移动一点点，也就是留大了它与图形2之间的空隙，这样可以适度降低紧张感，下图为修改前后实体图效果对比。

随后调整图形5，也就是车大灯的轮廓。它被划分在向下势力中，它的位置本来就在左右两侧，离冲突中心比较远，而原设计中的轮廓不够尖锐，指向性弱。所以我们对它的轮廓进行修改，使它具有更强的冲突势能，并明确指向冲突中心。

现在轮到图形4，它与图形5的情况一样。不过在原设计中，它的动力方向是朝向外侧的。所以，我们不仅要修改它的轮廓，并且要调整它的动力方向，让它成为向上的势力，并发挥出势能。

就这样，做好大方向上的调整之后，再增加一些设计细节，就完成了修改。对比一下前面的原始图片，体会一下修改前后的差别。

接下来再对另一个车型的设计进行尝试。同样，先对原设计进行动力分析。

令人惊奇的是，在这个设计中，几乎所有的动力方向都是向下的，即使有其他图形，也不是向上的势力。于是整个前脸的设计看上去像是一个塌鼻子，感觉要钻到地里去似的。

对于这个设计的修改，同样采用上一个例子中上下两股势力对垒的主题。所要采取的措施就是让向下的势力克制并后退，以增强向上势力的存在感和气势（如下图）。

这样，我们就完成了布局的调整，这次对两侧四个车灯图形的处理相对温和，没有过多强调轮廓的尖锐感，这样整个前脸的效果会偏庄重，而非运动感。然后增加一些细节，修改就完成了。

你可能会问，难道把汽车前脸改得好看，只能是增加冲突势能吗？当然不是，这仅仅是一种风格，接下来的例子就与之前的不同，它的原设计并没有要突出两股势力的对峙效果，而只是一种井水不犯河水的和平状态。所以，可以进一步强调这种和平的效果，而去除不和谐的要素。同样，先进行动力分析。

通过动力分析发现，上部的图形是呈现左右拉扯的动力形态，没有向下进犯的意思，而下部的图形似乎非常不安分，蠢蠢欲动。我们的主要任务就是把下部的图形整顿一下。

首先解决的是汽车牌照位置的图形轮廓。汽车外观设计中，牌照位置的处理很重要，因为它不能变换形态，也不能随意摆放。这个例子的原设计中，牌照形成了一个向上冲的图形。一般经过深思熟虑的设计，对于牌照的处理都比较谨慎。所以，这里先把牌照向下移动到前脸的底部，使它不会产生额外的动力效果。同时把前脸下部的图形进行整理，变成与上部图形一致的左右拉扯图示，从而大大削弱了它不安分的感觉。

处理好了下部，还需要对上部进行调整。原设计中，上部图形的轮廓是一个左右拉扯图示，但是其内部被分割得非常零散，使得拉扯效果很弱，也让视觉无法一下子看出它的动力分布。在这种情况下，和"06 先天形态与后天约束"的电动工具修改类似，清除一些杂乱的图形，留下需要的动力效果图形。这样一来，画面一下子变得清爽、简洁，动力感明确、清晰。

再做些细节处理，增加真实感后，修改就完成了，请对比一下前后效果。

下面再尝试一个简洁风格，不强调两股势力的对峙效果。

这个原设计中，也出现了图形各自的去向不统一的问题。我们来尝试把它们规整成为上部和下部图形相安无事的和平状态吧。

首先还是牌照的位置，下移调整。调整好牌照位置之后，下部的图形已经没有什么大问题了。它对上部的进攻趋势并不强烈。所以可以保留目前下部图形的样子，重点来处理上部的图形。

对上部图形的处理，首先，缩小上部进风口图形的厚度，也就是拉大它与下部图形的距离，减弱紧张气氛。然后重点处理两侧的大灯轮廓。原设计中的大灯轮廓有些复杂，表现出比较强烈地向中心拉扯的动力效果。现在我们要削弱它的视觉动力并且让它的动力方向掉头，和进气口轮廓组合，使整个图形形成左右拉扯的图示。这样就达到了和平状态。

对比修改前后的效果，你会发现，形态不是越夸张越好，重要的是符合大局势。有时，图形轮廓越小越低调，反倒越合适。

最后一个例子，来尝试把一个设计分别改成两个主题的效果，一个是两股势力的对峙效果；另一个是两股势力的相安无事效果。先对原设计进行动力分析，分析结果比较混乱。我们来尝试如何控制住这些混乱的视觉动力。

在第一个修改主题中，与开头的两个例子类似，每个图形的方向都朝向冲突地点，增加了尖锐程度和势能，同时减少了上部图形的厚度，增大了上下势力之间的距离，控制紧张的气氛（如下图）。

第二个修改主题是让上下图形分别形成自己的左右拉扯图示，不表现出相互攻击的趋势（如下图）。

但是细心的你可能会发现，修改之后，增加了左右拉扯的动力，却依然无法摆脱图形具有上下方向动力的存在。你可以感受一下修改前、后的三个方案，虽然有确定主题，但是，左右拉扯的动力和上下对峙的势能始终是相互共存的。我们所做的只能是强化一种，而弱化另一种，从而确定一个设计在视觉上的风格。纵观本章中的例子，都是如此。

看过这些案例之后，也许让你有所启发，好的方案大多是一点点修改、比较出来的，不能一下子就得出一个好的结果。

08

法向视觉动力

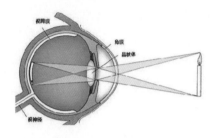
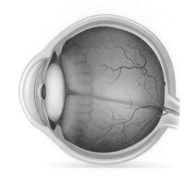

视网膜不是二维的吗？

视觉是二维的吗？这是一个有点古怪的问题。我们生存在一个三维的世界，并通过眼睛观察它，视觉能够真实地感受到这个世界的立体。那怎么能说视觉是二维的呢？

但我们同时也知道，眼球的工作原理是，光通过瞳孔照射到视网膜上，而视网膜是一个平面，它把收集到的光的信息传递给大脑皮层的视觉区域。也就是说，大脑接收到的视觉信息都来自于一个二维的感受器官，这对我们认识这个立体的世界没有丝毫影响。那我们看到的到底是二维的还是三维的呢？这还真不好回答。我们并不能彻底地区分开二维和三维，这是个抽象的问题，平时所说的二维和三维概念，其实都是数学或者物理概念，但眼睛可能觉得二者就是同一个东西。

当你看一本书的时候，书的纸张和文字是平面的吗？可能你觉得这个问题很愚蠢，当然是平面的，这还用说吗，文字印刷在纸张上就是同一个平面。如果不经过解释，很难想象这个问题的答案是相反的。其实你看到的文字是浮在纸面上的。它们并不处于同一个平面，它们是立体的。你再仔细看看，虽然理性告诉你它们是在同一个平面的，但视觉是不会接受的，就算你努力地想把文字死死地按在纸上也无济于事，文字始终可以漂离纸张。当你看书的时候，一般只能先看到文字，不会先看到纸张，这是为什么呢？

青蛙的视觉特点我们都熟悉，它只能看到运动的物体，一旦发现苍蝇，它的捕食动作非常快，需要高速摄影机才能让我们看清楚。但是把一只死苍蝇放在青蛙面前，它是不会吃的。这是一种把目标进行动态和静态地区分并识别出来的视觉能力，叫作图底分离。这对青蛙的捕食效率是非常重要的，同时也是识别其他捕食者和危险时迅速逃生的必需技能。

其实这个视觉能力人类也具备，只不过它比较基础，所以很隐蔽。比如，你在计算机前，看着一些静态的信息，这时候有一只蚊子从你面前飞过，你是很容易注意到的，还会下意识地动手去打。但如果你是在打游戏或者看动作片，那么一只蚊子就不太会引起你的注意。再比如，开车这件事情对视觉的要求非常高，当驾驶汽车时，车外的一切景观都是运动的，这时视觉要在运动背景中识别出运动的物体，如一个骑自行车的人，就比较困难，更不用说要准确判断对方的速度和运动路线了。所以，开车在路口转弯时需要减速，不是因为速度快会翻车，而是速度快使视觉不容易识别行人和骑车的人。对于在开车之前就会溜冰或者滑雪等高速运动的人来说，驾驶汽车的安全性就更高，因为他们的视觉对于在运动背景下识别运动物体的情况已经非常适应了。

但现在要讨论的并不是这静态、动态方面的图底分离，而是二维平面上高对比度图案的图底分离。高对比度，包括明暗对比和色彩对比。当人类还生活在树上，以植物果实为生的时候，在一片茂密的绿色中，能迅速发现零星几点红色的果实是多么的重要。

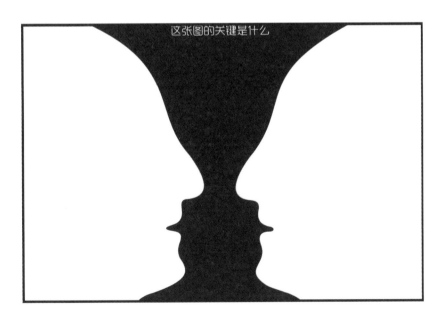

上图中是非常著名的那张人脸与花瓶的图片。这张图的关键其实不是我们普遍认为的，既能看出一个图案，又能看出另一个图案。而是不能看到两个图案同时存在。你可以试一试，并且心里默念，花瓶、人脸。当一个图案呈现的时候，另一个图案就消失了，这就是强制的图底分离。当一个图案作为"图"的时候，另一个图案就自动转化为"底"，并且消失不见了。这个视觉能力对我们的生存是非常重要的。

不过也有动物正好利用这一点存活下来，如斑马。都说斑马的条纹可以混淆捕食者的视觉，使它们分不清眼前的斑马哪一只是哪一只。其实人类也一样分不清，哺乳动物的视觉能力是非常相似的。

这就是强制图底分离造成的。人脸与花瓶的关系，就与纸张和文字的关系是一样的。它们是平面的，但在我们看来，它们是图和底明确分离的，造成了一种立体效果。而斑马身上的条纹也能造成这样强烈的效果。强制图底分离效果太强大了，使我们视觉对其他立体效果的判断失效了，连斑马的外轮廓都无法看清了，近大远小的距离判断也不起作用了，所以分不清哪一只是哪一只了。

说了那么多，其实只是为了引出一个最简单的图形——圆。如左图所示，它给人的感觉是立体的，尤其是黑白对比的画面。如同在纸面上打了一个大洞，漆黑一片，没有光透进去，似乎洞里会存在另一个世界。

前面在讲形态的演变时，可以把图形推演到它最原始的状态，也就是不受力的状态，我们得出的图形正好是圆形。圆形是不受视觉动力（或者说是合力为0）的一个图形。看看上面的圆形，如果它没有视觉动力，为什么我们还是能感受到它对视觉的压迫呢？它分明存在很强的动力感，为什么说它的合力是0呢？再看看下面的圆形图案，它们是不是也有很强的视觉效果。

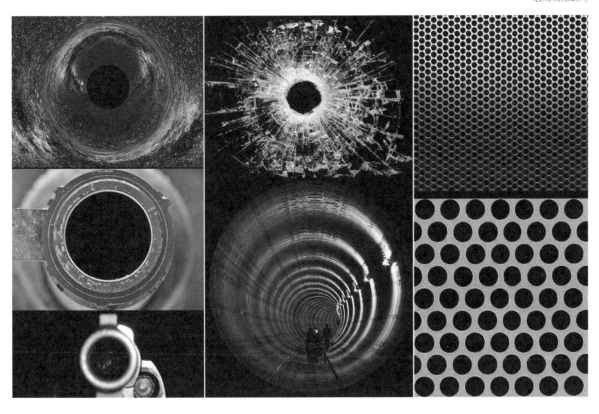

看了以上这些图片，你一定感觉到了圆形的视觉动力效果，不论是什么样式的圆形都存在数量不同，大小不同，动力的强弱也不同的动力方向，但你在平面上却找不到它。所以需要脱离二维，到三维中去寻找答案。在物理世界中，什么样的动力可以产生圆形？看看下面的图，你是否有所启发。

　　自然物理世界里产生的圆形是有一个动力源的，但是圆形所在的平面并不存在这个动力源，而是存在于平面之外的第三个维度中，并且动力源方向是垂直于圆形平面的。这有助于我们定义圆形的视觉动力。

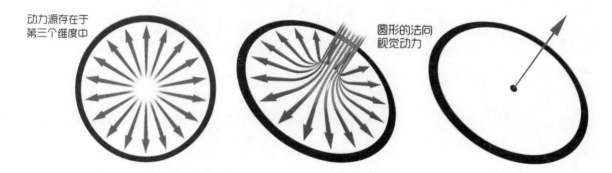

　　至此，我们才引出本章的主题、圆形的法向视觉动力。把一个通过圆心，并且方向垂直于圆形所在平面的动力，称为法向视觉动力。这里的"法向"表示垂直于所描述平面的方向，借用了物理学中对导线方向和磁感线方向之间关系的定义。

下面的图中有一个圆，你可以把一支笔放在圆心位置，并把笔垂直于纸面，那么这支笔所在的方向就是这个圆形的法向视觉动力的方向了。

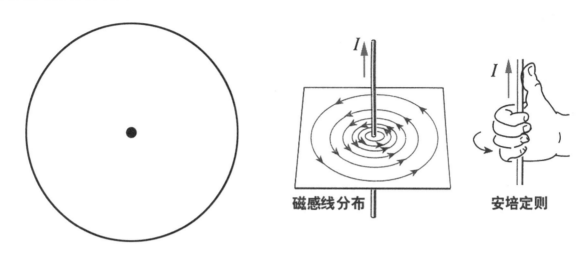

你可能会问，这个法向视觉动力真的存在吗？它怎么不如平面上的视觉动力图示那么明显。那么，先来思考另一个问题，我们在公共场所，如公交车上、餐厅里、地铁上，陌生人之间难免会有目光交会，有时你看着我，我看着你，相互礼貌地微笑，然后把视线移开，有时可能觉得一阵尴尬，赶紧调整视线，避开对方的眼神。那"视线""目光"或者"眼神"到底是什么，它真的存在吗？

是的，它确实存在，或者准确地说，我们能感受到它的存在。它正是圆形眼黑部分的法向视觉动力线。这条线虽然在物理世界不存在，但视觉可以识别。它通过判断对方眼黑部分的圆形的规整程度，来得出法向视觉动力的朝向。视觉对这个朝向的判断极为精确，甚至可以看出对方是在看着你的眼睛还是看着你的耳朵。所以，我们的视觉系统，生来就具备了对圆形法向视觉动力敏锐的捕捉能力，只是这种能力一直停留在潜意识中。经过提醒之后，主观意识就能知道它的存在了。

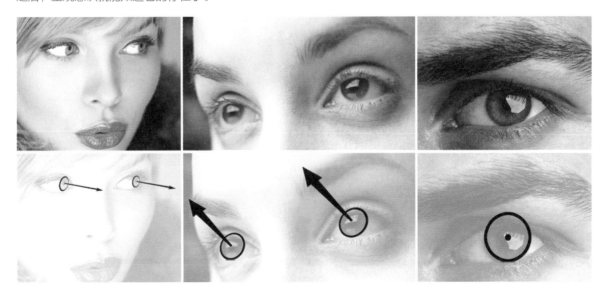

在工业产品的外观中圆形元素被大量的运用。在下图中找一找，并感受一下它们的法向视觉动力。

法向视觉动力几乎到处都有，只是我们没有注意到。因为很多圆形在大多数情况下并不正对着我们，它们的法向视觉动力线也不指向我们，所以没有引起我们的注意。在没有实际圆形形态的产品外观上，有的会有圆形元素的印刷图案，它们也有法向视觉动力，因此被强制图底分离了，如上图中右下角的钣金外壳产品上的印刷，包括Logo和数字字母。

另外，我们也不能忽视法向视觉动力在平面设计中的存在和运用。

在比较强调动感的品牌的Logo设计中，都会同时放置平面视觉动力和法向视觉动力，如下图所示。

在版面设计中，无论表达信息量是大是小，圆形和它的法向视觉动力都被广泛运用，如下图所示。

本章介绍了圆形的法向视觉动力。希望你对它能有一个认识，并能提高敏感度，在各类设计作品中找到它们。在"09 法向动力的削弱与增强"中，我们将进一步介绍圆形的法向视觉动力的运用。

当心你看到的所有的圆形！

09

法向动力的削弱与增强

　　削弱与增强的关系是视觉动力的关键，它可以让形态的视觉感受可控，这对设计师是非常重要的。如同生长形态与外部约束一样，法向视觉动力也需要可控，既能削弱，又能增强。"08 法向视觉动力"中讲到，圆形的法向动力源在圆心的位置，如果遮挡住圆心是不是就能抑制它的动力，从而削弱圆形的动力感呢？这个一试就知道了。

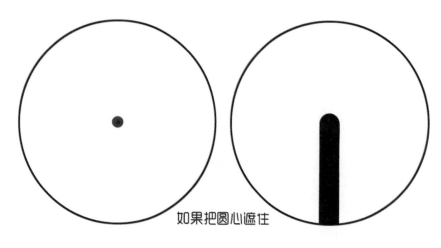

如果把圆心遮住

　　左图中，右侧圆形下方出现了一个长条形态，如同井口伸出了一块木板，遮挡住了圆形井口圆心的位置。可以感觉到，圆形原本咄咄逼人的感觉一下子弱化了。把这个方式用在"08 法向视觉动力"出现过的圆形图片上，比较一下有效果（如下图）。如果觉得不够明显，可以对比一下密集型排布的圆形。

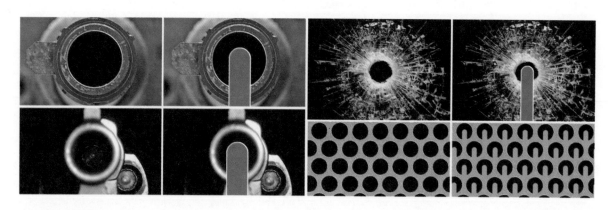

　　这回应该比较明显了，其实这种削弱方式是比较常用的，尤其是在产品外观上有圆形图案，但又不希望存在过大的法向动力的时候。

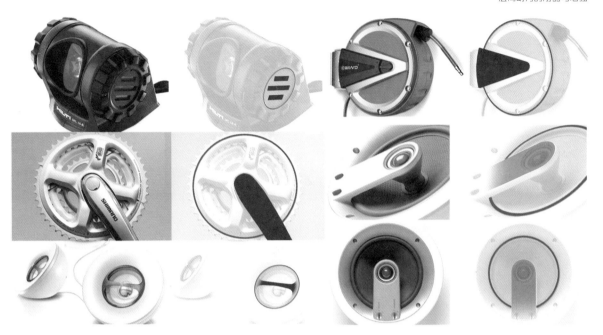

　　虽然使用这样的方法来处理圆形形态的产品很多，但从总体比例来看，并不算大。由于直接遮挡圆心的削弱效果比较彻底，好比之前章节中讲到的生长形态被抑制得非常严重，以致失去了大部分生命力。所以，设计时更多采用的方式不是直接遮蔽圆心的，而是其他温和的方式。具体有哪些呢？眼睛给了我们启发。

　　也许你没有注意过，在我们呈现不同表情的时候，眼黑部分的这个圆形图案发生的变化。下图中的表情，依次是冷漠、微笑、恐惧、翻白眼。在这四种表情中，眼黑圆形的边缘轮廓都受到了不同程度的遮挡。遮挡的面积越大，整个表情的视觉表现就越温和。但最后一个表情，当遮挡的面积包括了眼黑的圆心时，就会呈现出一种死亡状态，看上去无生命迹象。

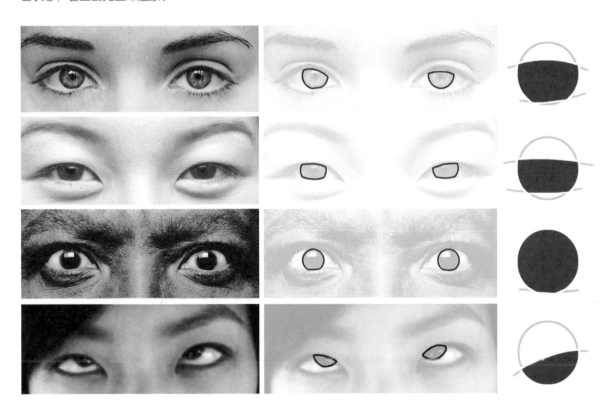

　　所以我们可以从表情和相应的眼黑边缘轮廓遮挡程度受到启发，在不遮挡圆心的前提下，适当破坏圆形的边缘轮廓，可以抑制法向动力，并且可以根据需要，调整被破坏的面积，达到想要的控制程度。下面看看这种方法的运用。

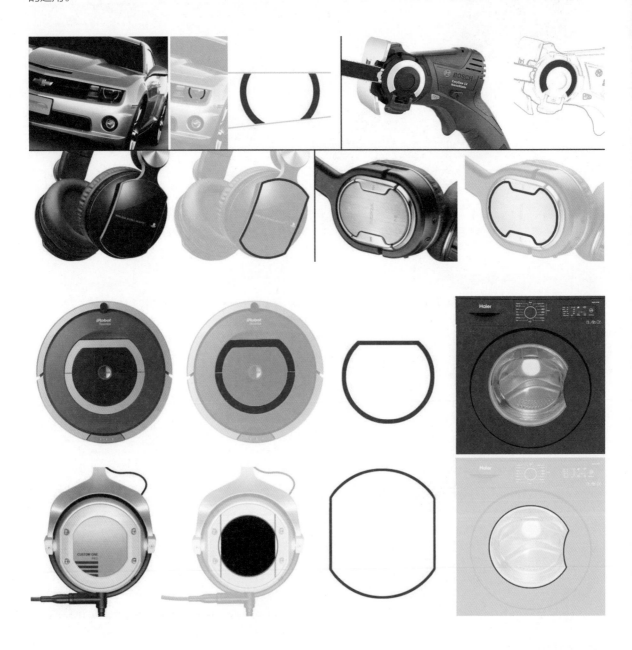

　　有的情况下，产品的圆形形态的外轮廓是不被破坏的，而是采用另一种效果类似的形式，就是在内部进行切割，如同切比萨，比萨切好之后外轮廓依然是个完整的圆形，但内部其实已经分成几块。如果切得足够多，对法向动力的削弱效果也非常明显。后图中，耳机金属网的搭配，本质也是一种切割，只不过以轻微却重复多次的形式展现的，同样具有抑制效果。

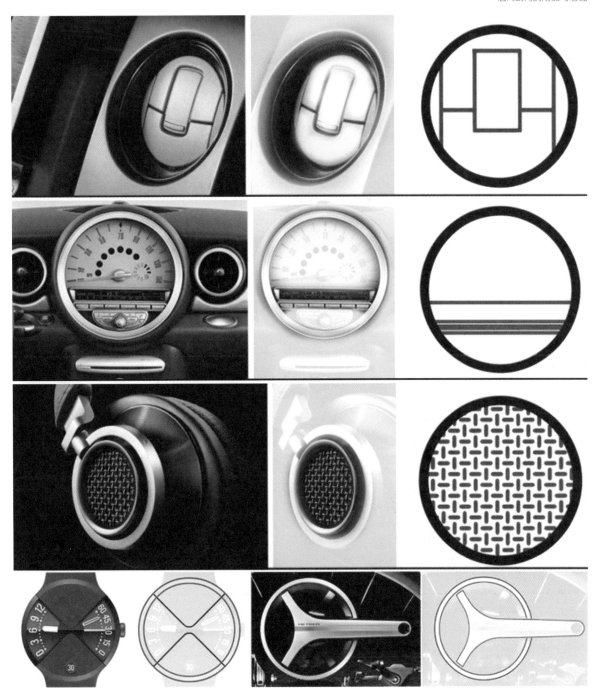

　　还有的时候，不但圆周轮廓不能被破坏，其内部也不能做切割处理。那么，还能采用的一种方法是外部干扰的方法，就是在完整圆周的外围安排各种干扰法向动力的图形，这种方法相对起到的抑制作用比较弱，但依然有效，并且运用广泛。更主要的是，它的可能性是最多的，因为一个图形外界的可发挥空间几乎是无限的。我们来看下面这些例子。

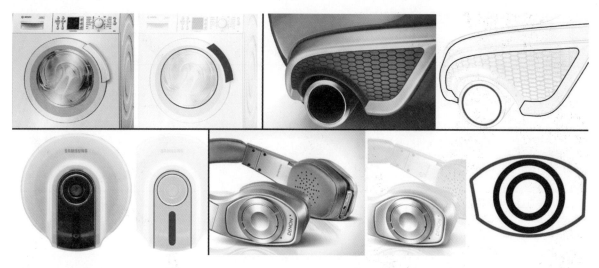

其中，在摄像头和汽车排气管的形态设计上，外围干扰的处理方式比较多见，因为它们大多是不可改变的圆形轮廓。

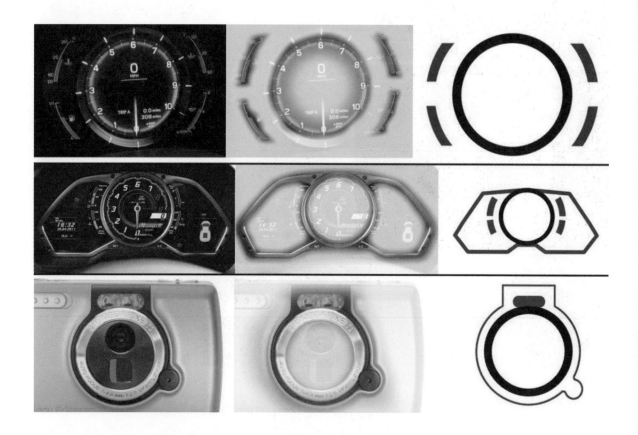

外部干扰的例子太多，无法一一列举。其实，只要是位于圆形轮廓外的图形，就会对这个圆形的法向视动力有影响作用，影响方式又千奇百怪。我们所能做的就是，看出以上这些方式对法向动力的削弱作用，并学习和模仿这种方式，将它运用到自己的创作之中。

下面来大致总结一下以上几个类型，让你能有个总体印象。

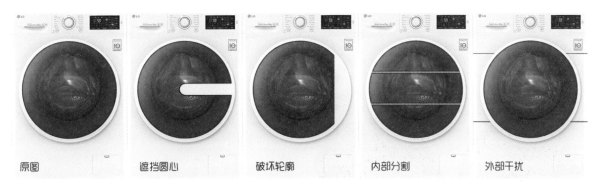

应该说，这些处理方式之间并没有高下之分，它们各自对于法向动力的影响程度不同，就看在实际设计过程中能有几种可以使用。总结出这些方式是为了给你提供更多的选择，而不是代替你做选择。最终采用哪种方式，还得你自己作出决定。

列举了这么多削弱的方法，接下来，要说说如何增强法向视觉动力。

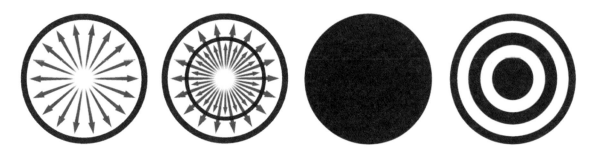

增强的方法是很好理解的，因为法向动力源是圆心，那么强调圆心自然就能有增强的效果。对圆心的增强方式主要是利用大小不一的同心圆嵌套在一起。同心圆嵌套能产生法向动力叠加增强的效果。我们来看看在产品上具体的体现。

单纯采取同心圆嵌套的增强方法是比较少见的，因为这样会使法向动力过于强烈。所以，一般都是在圆形形态尺寸比较小的情况下才使用，或是确定需要极力强调法向动力威慑感的情况。在大多数情况下，增强是为进一步地削弱做准备，好比之前介绍的生长形态和外界阻力之间你来我往地相互进攻，制造冲突的方式就是削弱后再增强，然后再削弱的过程。

这里还需要介绍另外一种削弱形式，即圆形内套圆形，不过是偏心嵌套的样式。

正因为圆心的偏移，才产生了一个平面内部的视觉动力，下图中，动力由一个圆心指向另一个圆心。由于二维平面内动力的出现，使三维中的法向动力被削弱了。接着，我们来看看它在产品中的运用。

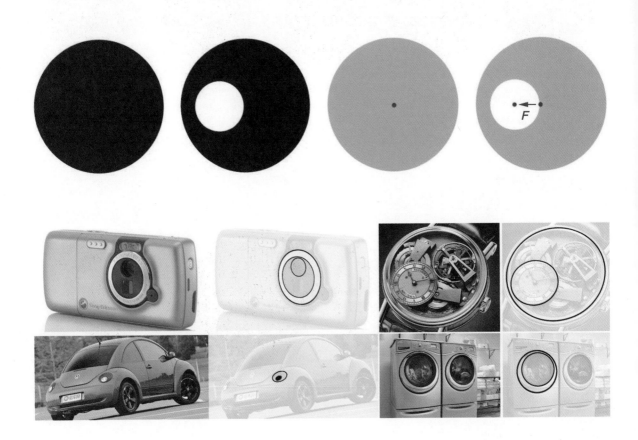

在"06 先天形态与后天约束"中，我们提到过法向视觉动力，并且出现过一个偏心圆的例子，里面就是两个嵌套偏移圆心的连线，指向产品前端头部的方向（如下图）。

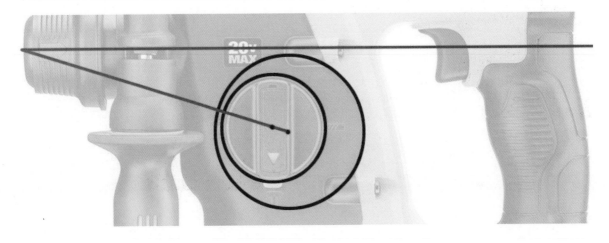

讲到这里，圆形的法向视觉动力的基本处理方式就已经介绍完了。我们来总结一下这几个类型。

总体上看，单纯以某种方式处理法向动力的产品依然是少数的。大量的设计中，使用的都是组合拳，即把这些方法组合运用，创造出格外生动且五花八门的效果。我们来看一些例子。

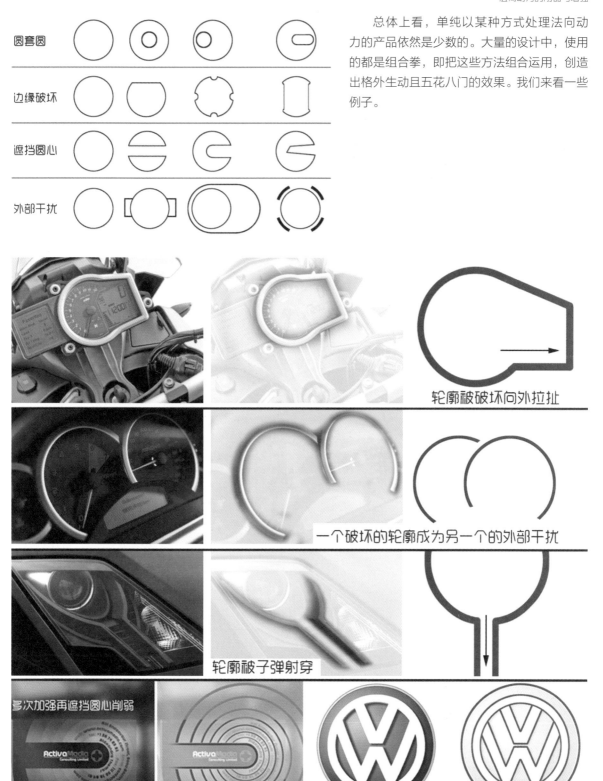

　　以上这些例子还相对好识别，一眼就能看出它们的设计方法。其他的设计可能需要好几个步骤的演变，才能有最终的效果。

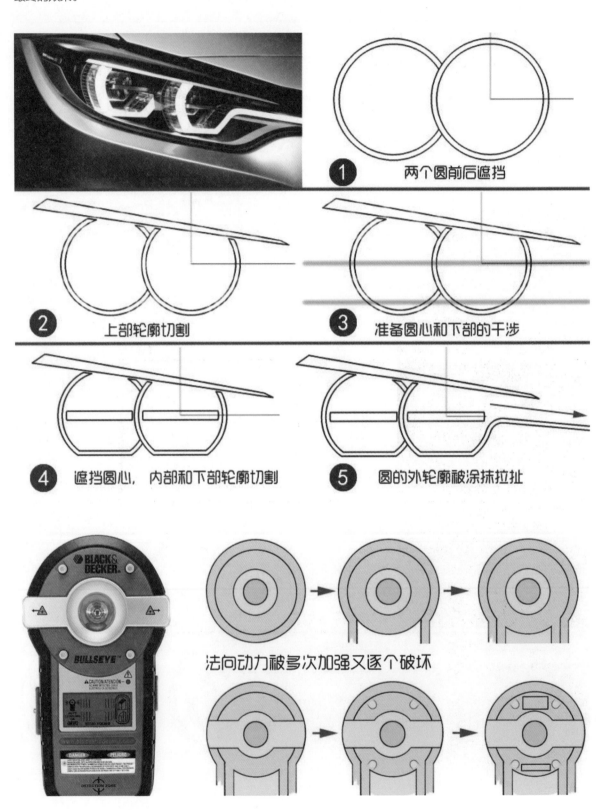

① 两个圆前后遮挡

② 上部轮廓切割

③ 准备圆心和下部的干涉

④ 遮挡圆心，内部和下部轮廓切割

⑤ 圆的外轮廓被涂抹拉扯

法向动力被多次加强又逐个破坏

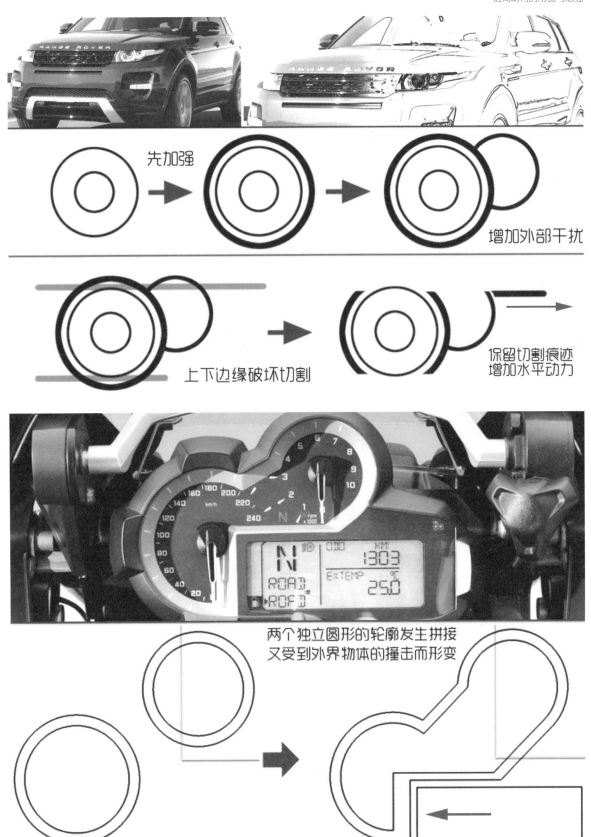

先加强

增加外部干扰

上下边缘破坏切割

保留切割痕迹
增加水平动力

两个独立圆形的轮廓发生拼接
又受到外界物体的撞击而形变

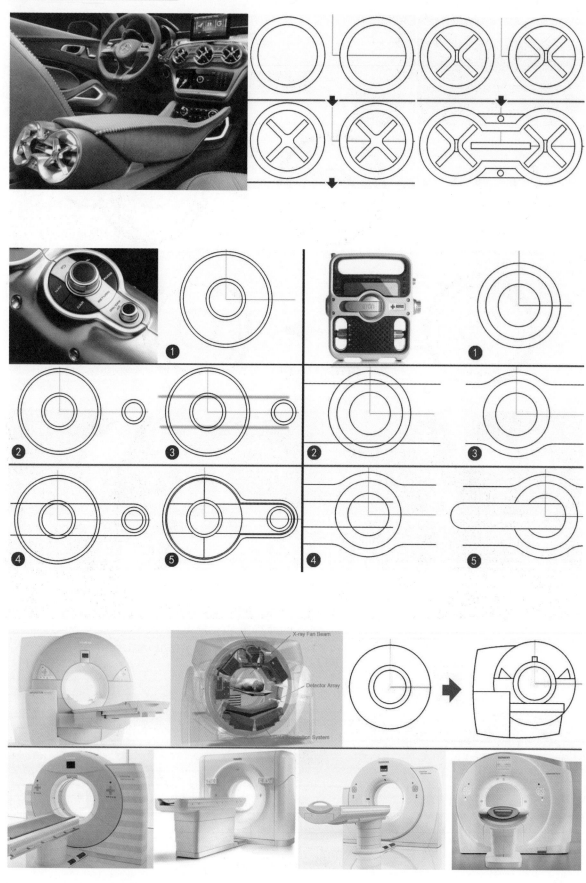

类似核磁共振设备这样体积很大的机器，由于结构和原理使得其形态上一定会有一个圆，所以在如何削弱法向动力这个问题上，设计的时候都需要下功夫。温和亲切的视觉感受对于这样的医疗产品来说很重要。

以上是法向动力加强与削弱的各种组合方法的运用，下面再看一些产品图片。你能在没有解析的情况下，看出它们采用了什么样的处理方式吗？

　　看过产品，我们依然要看一下平面设计中，增强与削弱法向动力的手法。如果再看一遍"08 法向视觉动力"中的平面案例，你会发现，它们其实都采用了多种处理方式。

　　这里我们要来说说，为什么戴美瞳可以使眼睛看上去更加温柔。美瞳产品的佩戴，可以让原本的眼黑部分变大，在眼皮边缘不变的情况下，眼黑轮廓被眼皮遮挡的面积就增加了，就是增加了对圆形边缘的破坏程度。从而使法向动力进一步削弱，达到了眼神更加温柔的效果。同样的效果，在动画片中也有出现，幼儿时的人物角色相比成年以后，眼睛的眼黑部分要更大些，甚至大得多，并且部分边缘一定会被眼皮遮蔽，形成温柔可爱的眼神。

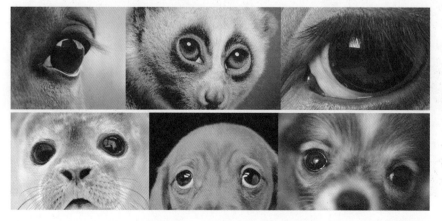

　　这在动物世界也有同样的体现，普遍来说，看起来眼神比较温顺可爱的动物，它们的眼黑部分都比较大，而且大部分边缘被眼皮遮挡。

而爬行动物、鱼类和鸟类则不具备这样的特点。不知道这与它们的四色视觉是否有关，它们甚至没有眼黑、眼白的特征，只有大大的、灵活缩放的瞳孔。看上去就是一个同心圆嵌套的效果，法向动力被增强，看着不太舒服，这就是我们常说的"死鱼眼"。

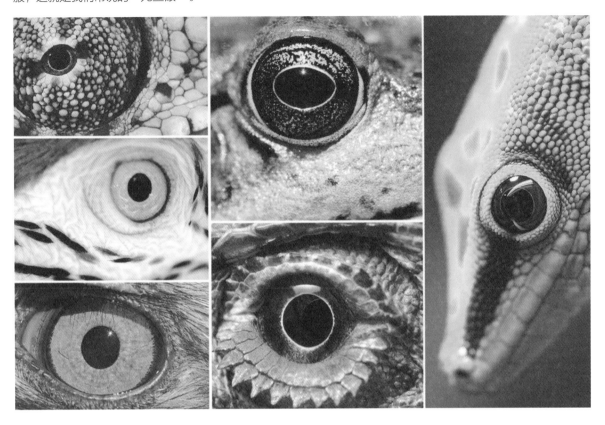

另一种不同的眼神来自食肉类动物，虽然它们的眼皮对眼球遮挡充分，但依然表现出极具威慑力的眼神效果。这主要是因为，它们的瞳孔很小，并且处在图形的几何中心位置，对于圆心的强调作用非常显著。于是有了一种恐怖力量被暂时控制没有释放出来的感觉。

从以上三类动物的眼神中，我们能够得到很多启发。可以参考不同的几何关系，并将其运用到设计中来控制圆形的视觉感受。

请你继续观察身边和圆形有关的一切物体，感受它们的法向视觉动力。

10

封闭轮廓的法向动力

也许你已经想到了，不是只有圆形才有法向视觉动力，其实所有的封闭轮廓图形都有。就像平时语言上表述的那样，"这里有个洞。"一般所说的"洞"不一定是圆形的，只要是穿透性的表面破损，都可以称为"洞"，比如，衣服破了个洞。所以，我们在讲圆形法向动力的时候，所说的"纸面上有一个黑洞"这个比方，适用于所有封闭图形，如下图的穿墙效果。

所以，只要是封闭轮廓图形，都有法向视觉动力，且都是由垂直所在平面的第三维度的力量形成的。如果理解了这一点，法向动力的图形对象就一下子被扩展了。它们之间的区别只是动力的大小不同（如下图），但它们都有法向动力。图形越接近于圆形，法向动力就越大。（圆形的法向动力是最大的，因为它带有旋转特征。此内容会在后面的"13 流动的形态"中展开）

下图中，你应该能感受得到，法向动力从左向右依次变小。所以对于一个封闭的几何图形来说，圆角大小就决定了它的法向动力的大小。

这个方面在App图标的设计上就有体现。看看下面的这些图标，左右两种哪个法向动力更强呢？

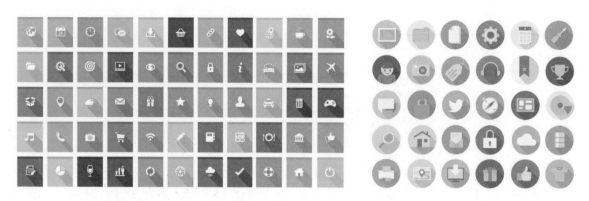

还有就是我们每人都有的智能手机产品。无论你用的是哪款手机，你是否注意过它的圆角大小，以及它放在桌面上的时候呈现的法向动力效果呢？

至此，一切封闭轮廓开始引起我们的注意，它们的法向视觉动力似乎无处不在。看看下面这些图，也许都是你平时没有注意到的。

当我们看到产品的同时，视觉动力会从第三个维度上展现出来。

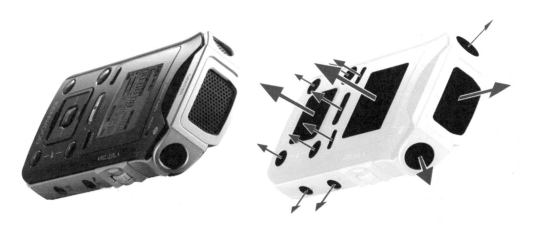

下面的图，不再标出法向动力的方向，请你观察它们，并判断其法向动力的方向和大小。

接下来讲一下封闭轮廓的法向动力的削弱方式。它与圆形的削弱方式其实是一回事。第一种就是破坏边缘，它的另一种说法则更接近本质，就是打破轮廓。当图形不再是完整的封闭轮廓时，法向动力自然就削弱了。

篆刻中的印章有一个外轮廓，而篆刻者经常在这个外轮廓边缘上刻出一个缺口。这个缺口就起到了削弱印章法向动力的效果。据说第一次出现轮廓缺口是因为不小心把印章摔在地上造成的，却发现这样看上去效果更好，于是之后就有意刻出一个缺口。比较下图中两个印章的法向动力效果。随后我们再看看这种故意破坏封闭轮廓的方式在产品设计中的运用。

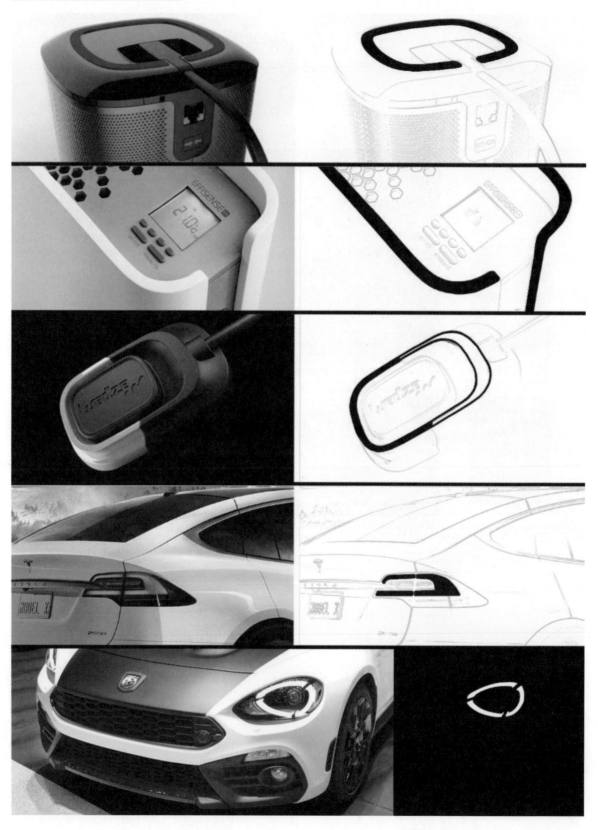

直接切断轮廓是一种方式,还有一种常用的方式就是,把一个封闭轮廓和另一个封闭轮廓打通并连接起来。这样可以一举两得地同时削弱两个封闭图形的法向动力。如下图所示,比较一下原图和恢复轮廓以后的样子。

原图　　　　　　　　　　　　　　　　　　　　恢复轮廓

在汽车前脸设计中,大灯与进气格栅两个轮廓之间常用到这样的处理方式(如下图)。

下图中有很多封闭图形法向动力的削弱方式。有的是连通两个封闭轮廓,有的是打断封闭轮廓的图形。如果把这些方式统统去掉,效果是有些恐怖的,对比下图汽车前脸的左右效果。

再如下图的前脸设计，如果取消原图中采取的对封闭轮廓多次切割的方式，而是采用两个封闭轮廓之间的连通方式，也是可行的。只不过这样就不是该品牌的风格定位了。

如果在设计中没有办法做实际的封闭轮廓打断，就只能做装饰性的轮廓打断了。什么是装饰性的轮廓打断呢？看下面的例子。下面的地铁车头，就是车体形态的截面，外形轮廓无法被打破。但是用了一个不完整轮廓的灯条装饰在上面，可以形成一个视觉上轮廓被打断的假象，从而削弱了法向动力。再如下面的耳机侧面的设计，头戴式耳机的耳罩形态也是一个天然封闭的轮廓形态。所以没有打断轮廓的可能，它同样也采用了装饰性的轮廓打断的处理方式。这两个完全不相干的产品类型，采用的却是同一种设计方法。

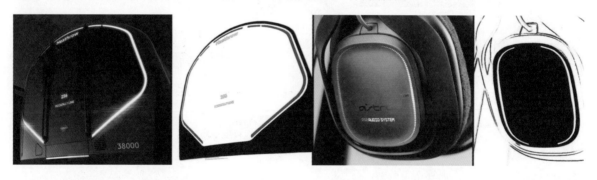

装饰灯也不是每次都充当打断后剩余的轮廓，有的时候也是轮廓被"打断"的那部分。下面产品的正面是三个封闭轮廓几何中心偏移嵌套的形式。不仅如此，设计时还把指示灯做成了轮廓上的一小段轨迹，形成了轮廓不完整的视觉效果。

如果这样假性的轮廓打断都不能做上去的话，那就只有在涂装上做文章了。在外壳上印刷与封闭图形或者轮廓形态一致的色块，来形成视觉上轮廓破坏的效果（如下图）。

在建筑设计中也有类似的情况出现，不过在形态上，建筑设计更加自由、大胆。所以，对封闭轮廓打断得比较夸张和凶猛。在平面设计中，封闭轮廓的处理也比较多见，与之前圆形元素的设计方式类似（如下图）。

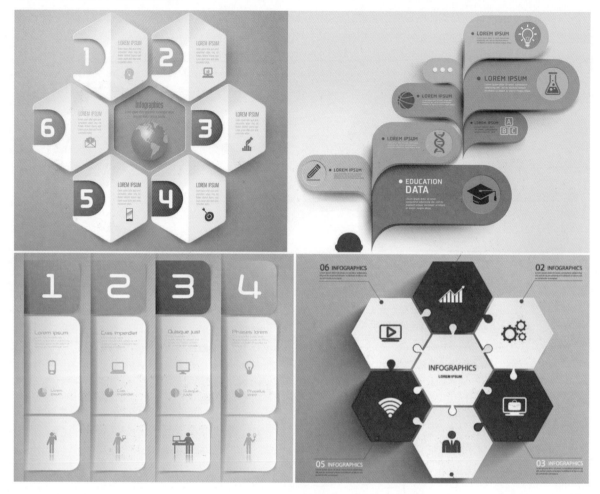

　　介绍完了所有封闭图形的法向动力之后，有些产品的外观设计方式我们就能够看懂了，如下面这个空气净化器。很多人都认为这个设计很经典、简洁，但说不出其具体的处理方式。

　　它的正面由两个封闭图形组成，一个是圆形，另一个是产品的外形大轮廓，一个倒角很大的矩形。由于这两个封闭图形都存在法向动力，所以采用了偏心处理的方式。圆形嵌套在矩形内，但几何中心大距离偏移。你可能会说，从产品的结构来看，不得不进行偏移，因为产品的几何中心并没有空间挖一个洞，只能放在靠上的位置。确实如此，但这里我们只从视觉的角度来讨论其外形设计的几何关系。利用了两个封闭图形几何中心的偏移，相互削弱了对方的法向动力。此外，由于圆形的法向动力比较大，所以Logo放在圆心的水平延长线上，这可以看作是一种外界干扰的方式。Logo的延长线穿过圆心，这算是利用视觉惯性对圆心做的一种隐性制约。

又如下图中的汽车前脸侧边的两个封闭图形，图中编号为1和2。车头整体很好看，但你可能看不明白图形1和图形2的轮廓是如何定义的，每条边线的角度、长短为什么是这样，图形1和图形2之间看上去搭配和谐，它们又有着什么样的几何关系呢？其实这些问题都想得太过复杂。这两个图形实际上原本就是一个大的封闭轮廓图形，然后为了削弱法向动力，对它做了分割和比较大面积地覆盖处理，使它看上去像是两个图形。所以对于这样的图形处理的方式是，先画一个大的封闭轮廓，再用一个图形去遮盖它，就能产生两个搭配和谐的独立图形。

法向动力从圆形扩展到一切封闭轮廓之后，所涉及的例子量就一下子庞大了许多。由于篇幅有限，这里无法一一列举。还需要你在日常的观察中多留意它的存在。

下面讲法向视觉动力概念提出以后所产生的问题。它的主体对象依旧是二维图形，只是视觉动力从二维平面转到了三维空间。所以理解难度上就高于之前的二维图形和二维视觉动力了。其难度在于需要想象它的存在，这是在我们练习视觉识别的时候需要克服的。而最主要的问题是，当观察外形时，多了一个维度的视觉动力，我们该如何平衡和取舍，如何把控两者之间的关系。接下来看一些例子。

下图中，是相对平面化的产品，它只有封闭轮廓，只需注重法向动力的处理，不存在工作方向需要强调。

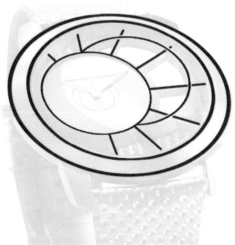

同心加强
偏心减弱
分割减弱

　　而之前讲过的电动工具产品的设计，有时候又只有二维视觉动力，没有法向动力需要关注和处理（如下图）。

　　也有的产品，如下图所示，它们虽然同时存在二维动力和法向动力，但它们分别处在产品的不同位置，相互之间没有直接关联，所以互不影响，比较简单。

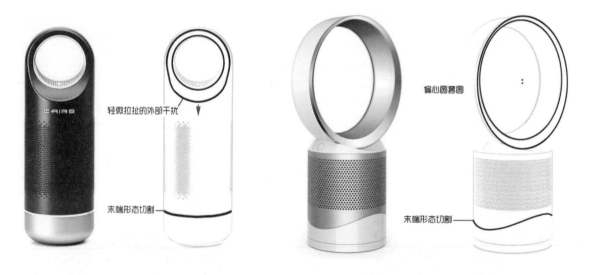

　　而下面的例子就不同了，在同一个图形的形态中，既有二维动力的处理方式，也有法向动力的处理方式。既是二维上施力者和受力者的受力形变，也是圆形轮廓的边缘入侵。

　　有的时候，强调平面视觉动力，就会导致法向动力不足（如下图），再通过增加封闭轮廓来增强法向动力。之后，又会觉得水平方向也不足了，再用平面上的拉扯图示来弥补。这样就保证了水平动力和法向动力都比较突出的效果。

有的外形上只想强调左右水平动力，就会把所有的封闭轮廓采用一种颜色包围起来，使它们在视觉上被忽略（如下图）。

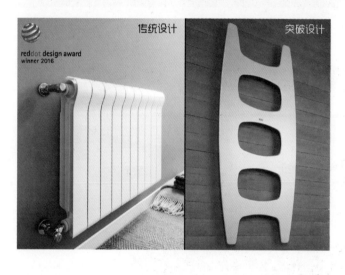

这两类视觉动力之间的平衡在汽车设计中比较多见，因为形态先天约束比较少，更加自由。而在更多情况下，我们所接触的产品设计类型都具有很强的先天形态限制。有的产品天生就没有法向动力，如左图的暖气片产品的传统设计。而创造出新颖的突破性产品，不过是打破它的先天形态约束，增加了封闭轮廓和法向动力，就使产品变得与众不同，如左图的暖气片产品的突破设计。

有的产品天生就带有很强法向动力，稍微增减一点点平面二维动力都非常困难。如图中左侧的燃气灶产品，图中右侧的产品新颖地打通了两个圆形元素，增加了二维拉扯动力，才有了一些突破。

　　说到这里，回顾一下"09 法向动力的削弱与增强"一开始的问题，视觉是二维的吗？可以这样回答，视觉信号是二维的，但视觉处理结果不是二维的，所以我们引出了法向动力的概念，它是一个独立于平面视觉动力之外的存在。因为每个产品的先天形态特点和设计要求的不同，所以并不存在把握法向动力和平面动力二者之间关系的万全之策。而我们能做到的是，在意识中同时建立起两种视觉动力维度，它们相互影响、相互作用，设计师的主要工作就是平衡它们之间的力量。

　　你可以回顾一下前面章节中所列举的产品，看看它们是如何处理法向动力和平面动力之间的平衡的。

11

形体视觉动力

法向动力是一种三维中虚拟的视觉动力。接下来的内容就开始讨论真实的三维视觉动力了，称之为形体视觉动力。形体就是那些占有真实空间的三维形态，即使我们没有办法看到它们，也能依靠触觉感受到它们的存在，如雕塑作品。如果你拿着书，那么书合起来以后是个实体，但书里页面上印的画面不是实体；如果你在看屏幕，不管是计算机还是手机，屏幕里的一切都不是实体，而屏幕外的物体是实体。形体视觉动力就是实体形态发生的形变使我们感受到的视觉动力。

把形体动力放在视觉动力的最后一部分，是由于它存在于三维空间中，讲述难度更大。又因为我们讲述的媒介是二维的，你通过平面的阅读，了解到我想要表达的内容。所以平面视觉动力是最容易表达的，法向视觉动力就需要一点想象力了，而对三维形体动力的描述就会遇到很大的局限性。从表达难度和阅读难度上来说，这个内容都得放在最后。在看过前面内容后再将其引入，才能更容易理解。

但是，从人类对这个世界的认知来说，首先接触的就是真实的三维形态，而不是二维图案。我们对于一个物体的认知，是通过观察、触摸、移动位置等方式全方位地完成的。这就是为什么雕塑学习无法通过纸面传达。

在这样的局限之下，我依然会尽可能地把信息表达出来，也需要你在视觉上想象力和三维脑补的配合。不过即便我们都尽力了，在一定程度上，信息依然会损失，那就说明已经达到了二维平面信息传播的极限。

如果想很好地理解形体，学习雕塑是必不可少的，雕塑学习的重要性是远超过手绘和建模的，它是后两者的基础，甚至是一切视觉形式的基础。遗憾的是，大多数工业设计专业的学生是不学的。大量的学习建模软件是没有办法提高建模能力的，就像一个人很会用Word软件，不代表他就能写出好文章。建模软件和Word软件一样，都只是一个工具。而学生们需要提高的不是软件操作能力，而是雕塑能力。

在二维中，最基础的图形是圆形，那么在三维中自然就是球体。球体几乎是一切形态的基础，无论是我们的星球，还是植物的种子、动物的胚胎，都可以认为是球体的形态，它是一切更为复杂的形态的起点。

在二维中，虽然说圆形是一切图形受力形变前的起点状态，但我们基本没有用圆形来讲平面视觉动力。因为直接从一些基础图形开始，如长方形，你也能理解。所以到三维里面我们也不用球体来开始，而是利用你可以理解的其他基础几何体。下面我们就通过正方体来讲讲实体的特点。

下图所示的是一个正方体。我们该如何做这个形体的视觉动力分析呢？可以从法向动力的角度来看，它的每个面都是封闭图形，六个面共有六个法向动力（如下图中）；还可以从形变的角度来看，把它与球体进行比较，然后根据它相对球体发生的形变得到8个尖角方向上的实体视觉动力（如下图右）。但得到了这么多的视觉动力，这其实是没有实用价值的。所以我们需要用另一种方式来分析。

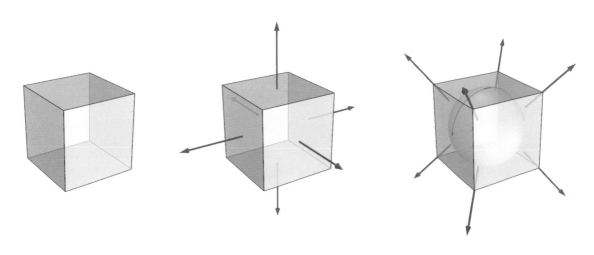

　　下图所示的还是一个正方体。我们先对它做一些处理，比如，把平行的四根棱做倒角处理（如下图中）。于是在一个面上形成了带有倒角的截面，它的法向动力被增强了（形态越接近圆形，法向动力越大），这样，我们对这个形态的动力分析就可以简化成一个视觉动力。另一种方法就是把它在某个轴向上拉长，使它成为一个长方体（如下图右）。使它在一个轴向上的形体就有了明显的动力优势，这样也可以只用一个视觉动力来表示。从这个角度来看，法向视觉动力和形体视觉动力是等效的。

　　所以，可以概括出一种单一视觉动力的形体，那就是以某一个封闭轮廓图形做垂直拉伸所形成的实体形态（如左图）。这种形态可以简化出一个单一的视觉动力，这个动力包括形体动力，也包括法向动力。这种形态的实体产品很多见，如下图中的简洁风格产品，对这样的形体动力进行削弱和抑制方式，大多还是以分割方法或者法向动力削弱的方法为主。这些其实都是二维的处理方式，不具备三维形体特征。

　　这里所说的三维形体特征，是指那些在二维图上无法展现的动力冲突形式。下面来举个例子，利用立体图的角度，看看能否让你理解什么是用形体视觉动力对抗形体视觉动力。

下图中，经过几个步骤的演变，我们对一个单一截面拉伸的形体做了形体动力的约束和反抗的处理，形成了类似下图中概念车仪表盘的形态效果。这样的三维形态效果，你不在三维空间中观察，是很难体会到它的生动程度的，这样的对抗也不可能在二维平面中展现出来。所以，进入三维形体以后，你可能发现之前讲的二维中对于生长动力的约束手段简直是"小儿科"，而三维中的可能性才是无限多的。

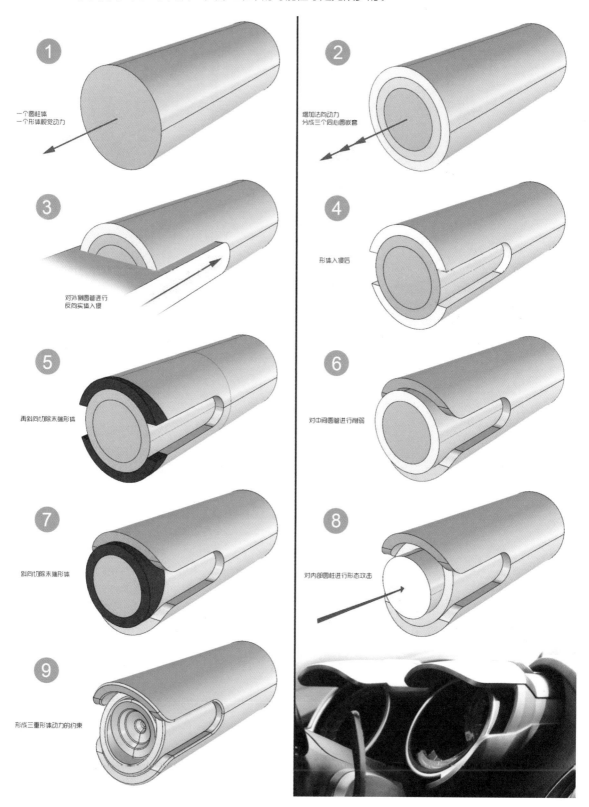

1　一个圆柱体　一个形体视觉动力

2　增加法向动力　分成三个同心圆嵌套

3　对外侧圆管进行反向实体入侵

4　形体入侵后

5　再斜向切除末端形体

6　对中间圆管进行削弱

7　斜向切除末端形体

8　对内部圆柱进行形态攻击

9　形成三重形体动力的约束

　　前面的内容中借用树木生长和建筑顶端的处理方式讲述了二维中对生长动力的约束。但实际上树木的形态和建筑顶端的真实三维形态要复杂得多，这样的形态也是二维表达束手无策的。不过，利用这种建筑顶部形体处理方式来进行设计的产品类型并不多。如运动水壶的设计。

　　三维形体末端的对抗形式的方向是与形体动力方向相对的，也就是说它们在一个轴线上。还有另一种形式，就是垂直方向的入侵，不是正面攻击生长动力，而是从侧面进攻。我们来看些例子。

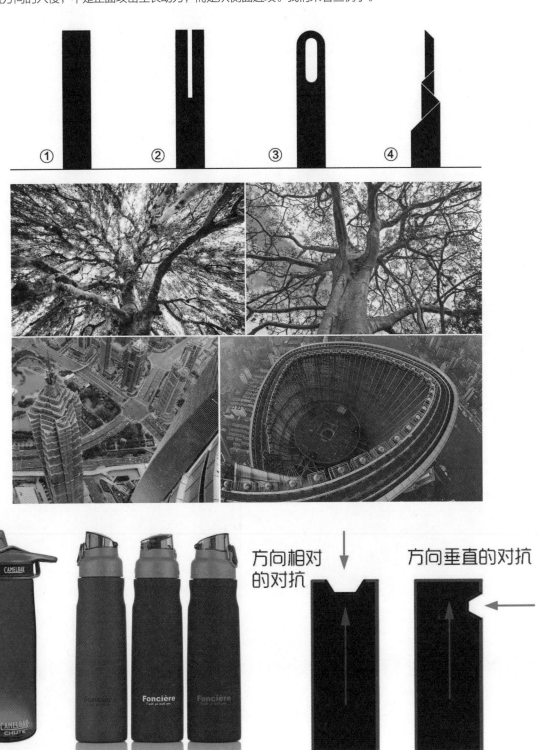

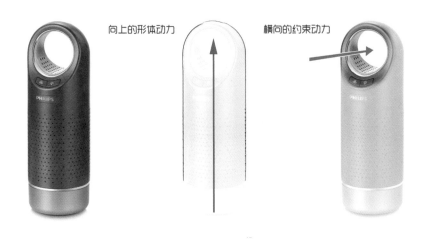

向上的形体动力　　横向的约束动力

这个例子，我们在讲法向动力的时候用过，介绍的是它顶部那个洞的周围运用了外围干扰的方式进行法向动力削弱。而在三维形体中，这个洞其实是一个约束动力，它直接打穿了向上生长的形体顶部，呈现出强大的压制效果。

这种处理方法在西方古代建筑中非常多见。

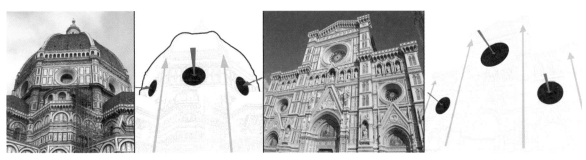

也不是所有的产品都需要对向上生长形体动力有这么大的摧毁效果。一般情况下，都只是边缘轮廓稍微内缩就能达到抑制的目的，如左图中的容器设计。而大多数产品，在形体设计时，可能把这几种方法全都用上，如下面的蓝牙音箱。

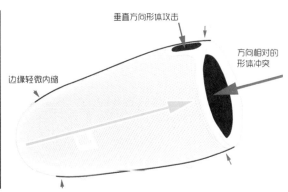

垂直方向形体攻击

方向相对的形体冲突

边缘轻微内缩

我们再来看一个完全不同类型和体积的产品，它采用了类似的方式对生长的形体进行了约束。

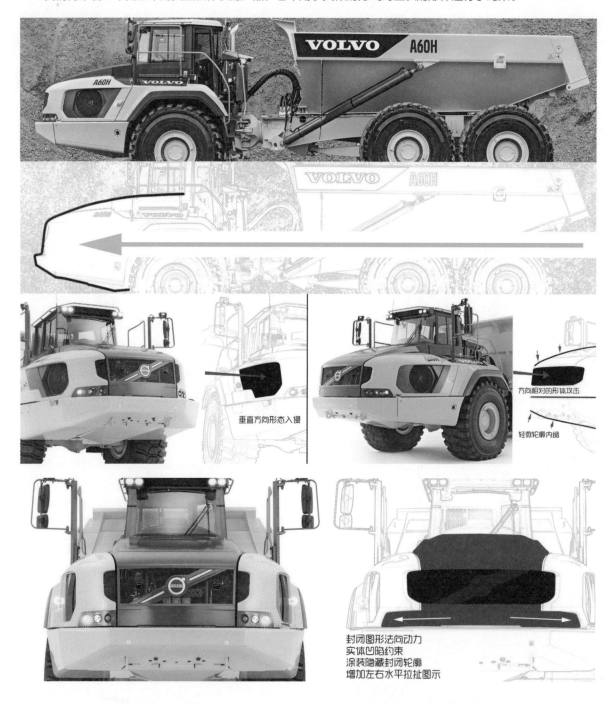

方向相对的形体攻击

轻微轮廓内缩

垂直方向形态入侵

封闭图形法向动力
实体凹陷约束
涂装隐藏封闭轮廓
增加左右水平拉扯图示

以上是对单向形体动力和其相关约束方式的介绍。由于符合内容的例子不多，再加上图片角度有限，有些内容可能理解得不是太好。所以如果有机会大家能看到实际产品（如蓝牙音箱），理解的效果会更好。

了解了单向拉伸实体，接下来，我们就可以把它作为基础形态进行拼接组合，搭建出更加复杂的形体了。在雕塑基础阶段，我们依然按照数学中规定的三个维度来扩展形体的组合。

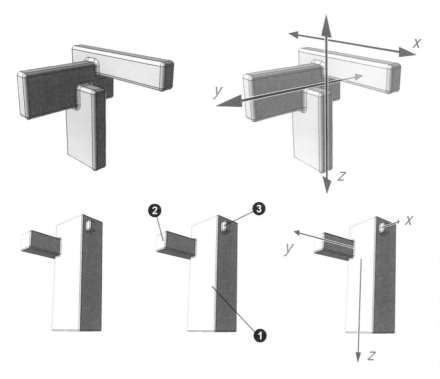

就如左图中上部分的三个长方体的组合。我们用三个不同轴向的形体动力组合成了一个分别占据x、y、z轴的形体。这里的x、y、z名称只为强调三个维度的存在，便于理解。后面图中，都用x、y、z表示形体的不同方向。虽然这个形体是三个简单的长方体的组合，但它看上去已经相当复杂了，大脑要理解它是比较吃力的。这种困惑很可能来自于形体视觉动力的无序。所以为了实现形体上的有序，我们会按照一定的次序来安排三个维度上的形体，如左图下部分所示。

我们把三个形体分别编号，1是主要形态，形体最大，动力最大；2是次要形态，形体适中，动力略小；3是附加形态，形体最小，动力也最小。同时，三个形体的视觉动力都可以抽象成单向的视觉动力。这样一来，整个形态看上去就更容易接受和理解了，视觉上也舒服了很多。不过，为什么要这样处理？在回答这个问题之前，先来介绍视觉动力的方向性，为什么有的地方是双向的，有的地方是单向的，其实这个问题从这本书的一开始就出现了。只是如果一开始就讲解这个问题，你也许不会有什么印象。

下图中展现的是视觉动力双向性和单向性之间的变化条件。不过看上去好像是对客观事实的总结，其实这依然是一种假设，是基于视觉动力这个假设基础之上的假设。只不过它是通过观察体会得出的规律，供你参考。如果你回顾之前的动力分析，你还会发现，在标注图形的视觉动力的时候，还会带有主观性，这种主观性是指标出自己需要的那部分动力。比如，一个图形，可能既有左右拉扯，又有上下形变，还有封闭图形的法向动力。但在具体分析的时候，只需要识别或是标出我们需要使用到的那个动力即可。

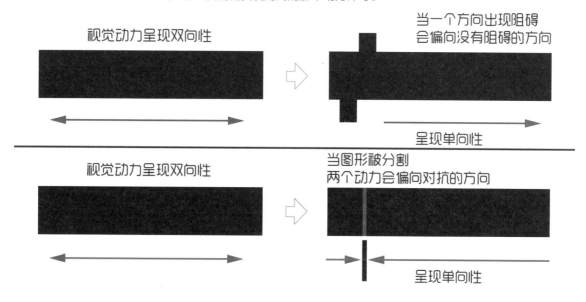

　　知道了如何实现视觉动力的单向性，再看一下图。为了体现单向性，我们采用了一些措施，比如，形体2和形体3都处在形体1的一端，而不是中间位置。形体2和形体3的一端也被埋在形体1当中。它们相互帮对方实现了一端的阻碍，从而每个形体动力都能概括成单向的。

　　那你可能会好奇，如果不这样处理，还能得到形体的单向性和简洁的效果吗？

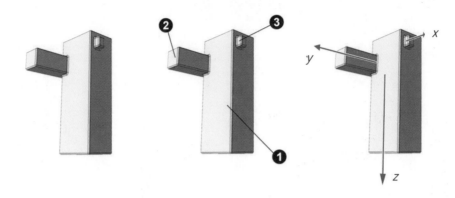

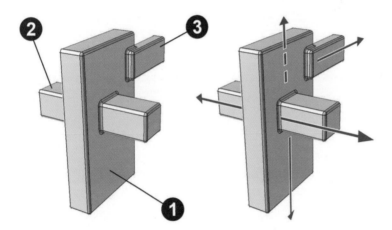

　　左图中，形体1和形体2相互穿插在对方的形态中心位置，无法体现动力的单向性，只有形体3符合要求。但在体量大小上，也没有拉开差距，没有体现出主要形态、次要形态和附加形态的区别。于是，整个形体依然处于混乱的状态，视觉上也不舒适。

　　接下来再看为什么要把形态分为主要形态、次要形态和附加形态，为什么看着三个差不多大小的动力，组合成的形体就不好看？这些问题也许能从生物世界得到一些启发。

从宏观上看，植物的形态大多类似单一方向的形体动力。因为它们从种子开始发育，首先就是脱离地面，向上生长，到达一定高度，开始向天空中各个方向呈半球状扩散生长，这样才能吸收更多阳光。其顶端各个方向上的动力大小差不多，所以整体的形态可以看作一个向上的动力。而动物就完全不同了。动物之所以称之为动物是因为它们可以动。它们如果是食肉动物就得捕食，需要移动甚至追捕；它们如果食草动物，为了避免被食肉动物捕食，也需要移动和逃跑。移动这个特征与动物的形态有很大的关系。

凡是会移动的生物，其形态往往与它的主要移动方向有关。比如，蜘蛛看上去可以向各个方向移动，没有特别突出的主要形态。再看螃蟹，它的形态在两侧上的指向性更强。再看大型哺乳动物，无论是为了追还是为了逃，它们都很能跑，而且它们形体上有一个明显的形态指向，那一定是它们奔跑最快的那个方向。它们偶尔也会横着移动，或是倒退，或是转圈，但这些方向都是速度比较慢的移动，它们的外形在左、右和向后的方向上没有突出的形体动力表现，所以有一个主要方向上的形体动力和其他次要方向上的形体动力的明显区别。为什么大型动物没有在各个方向上的形体动力都差不多呢？大型动物为了积累一个方向上的绝对优势，即奔跑速度，就必须牺牲其他方向的结构支持，所有肌肉和骨骼结构分布都是为了朝向一个固定方向高速运动而存在的。在蜘蛛和螃蟹的生活环境中，移动速度不是生存的关键因素，所以保留了形态上的多样性。而在丛林环境生存的灵长类，主要是借助丛林环境进行快速地立体空间移动，不单单是平面奔跑，所以身体的形体就和奔跑的动物不同。但是灵长类的身体也有着一个主要形体动力方向，如果站立就是向上的，如果爬行就是向前的，可以变换，只是主要形态方向和次要形态方向的比例不同。

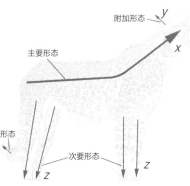

关于生物的内容，无须更多展开。但我们的视觉偏好有着明显的主要、次要之分的动力形态。因为这种形态不单单带有生命特征，还带有高等动物的特征。具有高机动性和高生存能力的视觉表现。

需要强调的是，这种高等生物特征不仅仅有主要、次要之分，而且要满足在各个方向都存在形体动力的情况下，还同时具备主要、次要之分。猎豹的主躯干是一个主要形态方向，四肢则是另一个方向的、最小的附加形态，耳朵则朝向两侧。你可以再看看其他动物的样子，感受一下它们的形体特征和运动方向的关系（如下图）。

所以我们对物体美感的判断很可能与这个自然规律有关，我们在设计产品形态时，也会尽量遵照这个形态准则。来看看下面的例子。

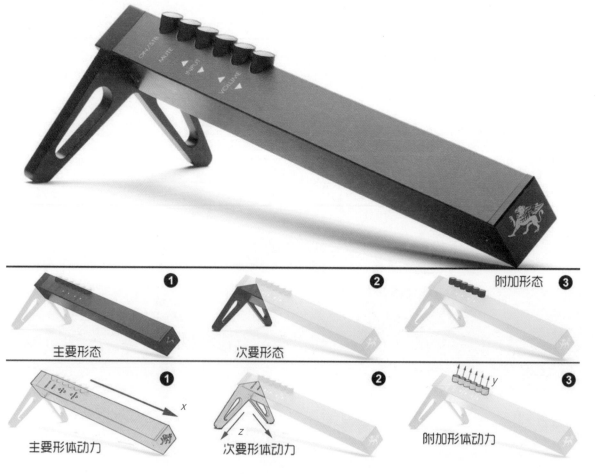

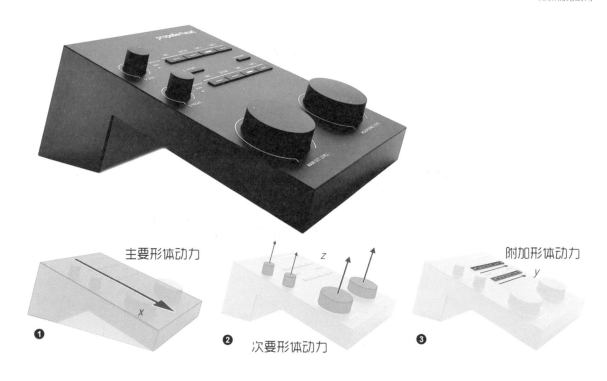

①　主要形体动力

②　次要形体动力

③　附加形体动力

　　下面这个例子也是，可以看出这个形态准则对产品细节处理的指导作用。图中，产品按键是附加形态，动力方向是y。根据准则，按键这个元素应该与产品主要形体动力方向x和旋钮部件视觉动力方向z不同，为了凸显y方向的动力表现，应该设计成连续的细长的形态。如果设计成圆形按键，那么由于圆形的法向动力，就会与旋钮部分所占据的方向z重复。这样产品在方向上就没有任何动力了。所以按键形状在这个形态准则下，没有很多选择。

　　下面我们再看一下iPod shuffle的处理。它的主要形态是由一个截面拉伸产生的，主要形体动力方向z的动力最大。其次，产品正面的两个圆圈的法向动力x就是次要视觉动力（不是形体动力）。第三个附加视觉动力正是上一曲下一曲和播放暂停的图标，隐隐约约连在一起所在的那个轴线上极其微小的动力表现，方向y。你可能会说，就算不依照法则，上一曲下一曲的图标也应该放在左右呀。没错，但是这个所谓的左右只是相对播放键来说的。如果我们把整个按键旋转90°也是成立的，因为这个产品没有明显的上下之分，重要的是，主要形体动力和附加视觉动力应该相互垂直，分别占据z轴和y轴，如果整个键盘旋转90°，那么它们就同时都是z轴的方向了。当产品被套上了软胶保护套时，视觉上就隐藏了次要视觉动力和附加视觉动力，产品一下子变成了单一形体动力的形态，单调了不少。

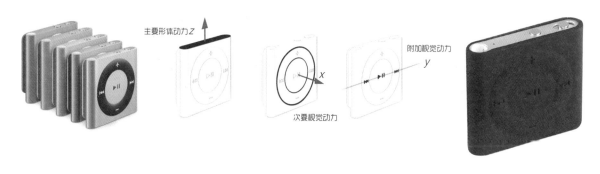

　　如果我们用这个准则再来看汽车的形体，就会有一个全新的宏观角度。图中x方向是车身主体的主要形体动力，轮胎在两侧形成的法向动力y是次要视觉动力，而驾驶室的凸起造型则是附加形体动力z。

　　如果我们去掉其中一个，比如，去掉最小的一个z方向的附加形态，看上去就会有点奇怪了（如下图）。

有的产品就是自带三个维度的视觉动力或者形体动力，所以需要设计的内容也并不多，只能尽可能地调整它们之间的强弱对比，有时候甚至连这也不用调整（如下图）。

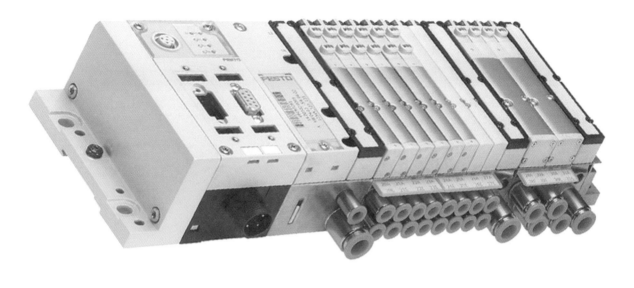

有些产品在这方面使用得很巧妙，同一个形态的元素，可以同时产生两个方向上的视觉动力，不但满足了准则，而且实现了产品的极简（如下图）。

下图中左边的是一个圆规的设计，其中圆形的形态在产生了垂直于纸面方向的法向动力y的同时，也由于两侧半圆形的隆起而形成了附加视觉动力x。下图中右边的产品，则非常巧妙，除了比较明显的主要动力z和附加动力y，似乎并不存在次要动力方向，这里比较隐蔽的是，产品有一个蓝色软管部分，正好可以按照一个均匀的曲率弯曲形成一个几乎封闭且接近圆形的轮廓，从而产生了封闭图形的法向动力，作为次要动力x。

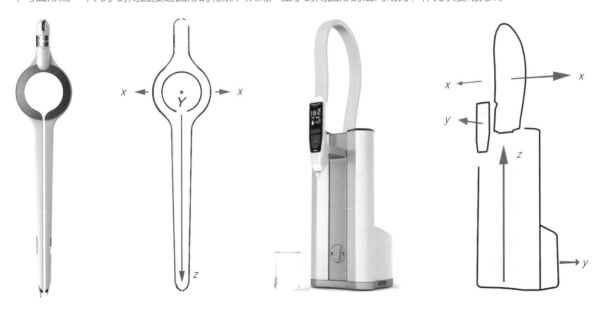

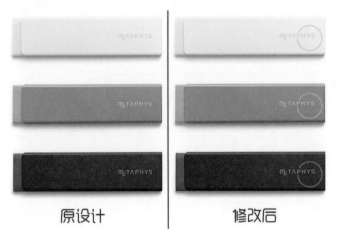

原设计　　　　　　　修改后

利用这种准则，在不改变产品本身任何形态的情况下，只用平面设计的手法也能实现美化。左图中，原产品形体动力单一，没有其他方向的动力表现。为了使它更生动，我们仅仅在正面Logo周围增加了一个圈，就完成了次要动力和附加动力的添加。那么这是如何实现的呢？

首先，原产品有较强的先天x方向动力。在正面添加圆形之后，可以产生一个y方向的法向动力，这个动力成了次要动力。再加上圆圈与Logo之间的偏移造成了z方向上的动力效果。这个产品就实现了三个维度上的动力搭配。

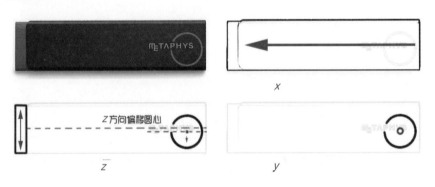

平面的手段在视觉上对产品有很大的弥补价值，由于专业独立分工，如果这样的平面补救手段不能被工业设计师所采用，那将是非常遗憾的。

理解了简单形态的三轴动力分布的准则，我们就可以做出比较美观的简洁形体，可是如果需要设计复杂的产品形态该怎么办呢？我们可以对每一个轴向上的形体动力，分别做出约束和对抗处理，这样动力表现就一下子多出了很多，形态也就丰富起来了。这样说有点抽象，我们来举个例子。试着用开始部分说的三维中最原始的球体来生长出一个形态。

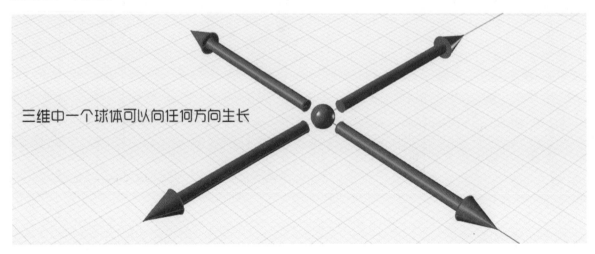

三维中一个球体可以向任何方向生长

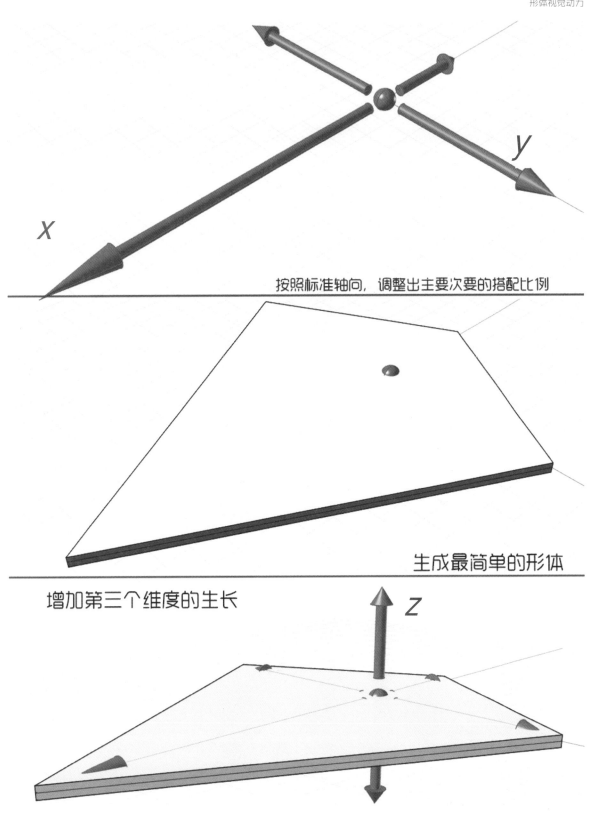

y

x

按照标准轴向，调整出主要次要的搭配比例

生成最简单的形体

增加第三个维度的生长

z

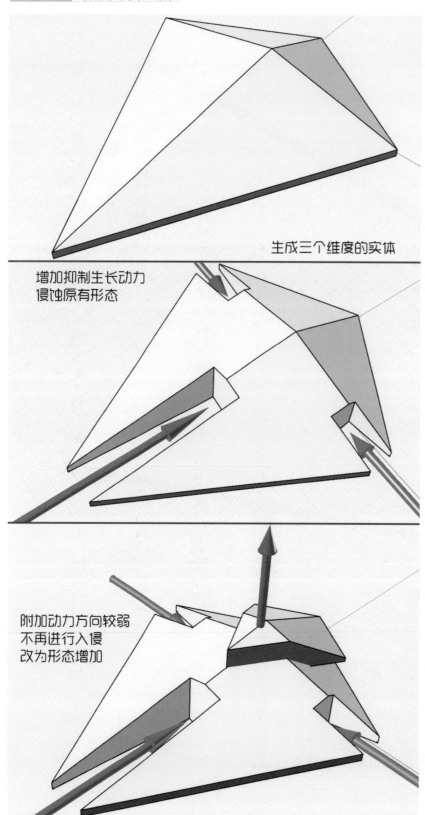

生成三个维度的实体

增加抑制生长动力
侵蚀原有形态

附加动力方向较弱
不再进行入侵
改为形态增加

到这里，我们完成了三个轴向的形体动力的展现，并且遵从了主要次要和附加的比例进行安排。但这样简洁的形体并不是我们最终想要的，那就可以用开始讲到的单一形体动力的约束手法来处理每一个轴向上的形态。既可以采用方向相对的攻击，也可以采用方向垂直的攻击，或者采用更复杂的三维约束手段（之前圆管圆柱的处理方式）。

下面的处理只采用了方向相对的攻击，这样比较直观，便于理解。

我们对每一个轴向的形体动力做了简单的约束处理，如果继续做下去，增加更多细节和对抗形态，就可能做出一个细节丰富的太空飞船了（如下页上图）。

再来看一个飞行器的例子，如下图所示。

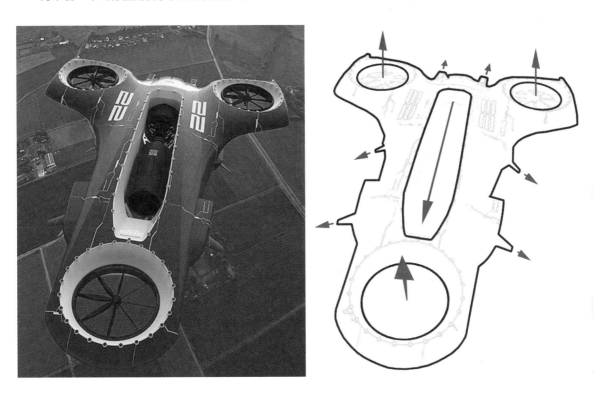

　　再复杂的产品形态，都能大致满足主要形态、次要形态和附加形态。再多出来的视觉动力，也只不过是针对这三个动力方向采用的形态攻击和对抗表现的结果。或者，有的形态是在附加形态上再分裂出下一级的主要形态、次要形态和附加的次形态。所以从宏观到微观，我们就可以比较自由地识别各个形态的角色，以及它们和周围其他形态的关系。

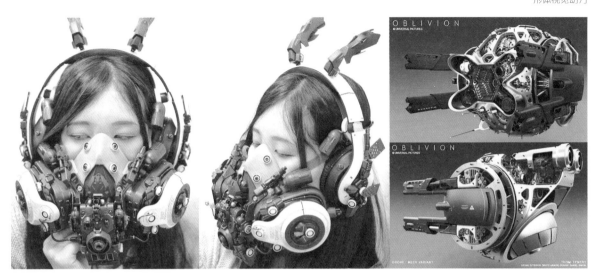

　　复杂的形态令人着迷,但遗憾的是,大多数形态只能通过图片看到样子,能一睹实物风采的机会却寥寥无几,对这样的形态的分析是几乎不可能在二维形式中完成。因为在二维形式下,连这个产品的样子都看不明白,更不可能进行讲解了。所以有机会,还是需要多看实物,从雕塑基础准则出发,试着去理解。

　　产品形态的把控能力就是雕塑能力。所以有时间,我们都需要多看雕塑展览,体会形态的真实震撼,在主要形态、次要形态和附加形态准则下,看形态可以发展出多高的复杂程度。

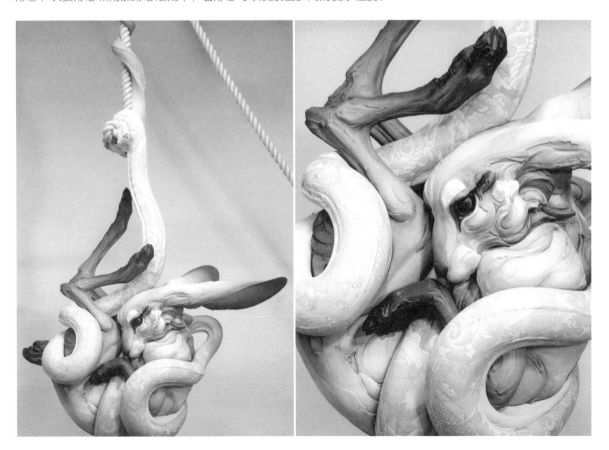

12

凹与凸的平衡

话题一旦引入了三维，内容就会变得多样，就会出现一些新的概念。如本章中要说的凹凸关系。凹与凸这两个词基本只出现在三维的情景描述中，是三维属性的形容词。那么，什么是凹，什么是凸呢？你一定觉得这个问题太幼稚，凹、凸还不好理解吗？不过按照惯例，在讨论任何概念之前先要进行定义。一般把规则简洁的形体上出现的物质缺失，称为凹。比如，我们在平整的冰淇淋上挖了一勺，或者刚做好的豆腐花上舀了一勺后出现的样子（如下图的冰淇淋、豆腐花，以及左图中的死星）。

凸就是类似在一个规则简洁的形体上出现了物质增多形成的形态。这里并不限于真实的物质增多，只要是视觉上达到了物质增多的效果，就是凸的。比如，咖啡上的奶油凸起，机器人BB-8头上那个凸起的摄像头，以及钢板被子弹射击后，背面形成的隆起（如下图）。

你是否注意到，上述讲到的凹凸类型，大多是由于物质增减形成的。如果排除物质增减，只是物体受力形成的凹凸，那又是什么样子的呢？我们来看看自然界中的例子。

下图中的两个自然的地理形态，一个是陨石坑，另一个是火山口。乍一看，分不出哪个是陨石坑，哪个是火山口。在我们的印象中两者应该是极其不同的，因为一个是受到外界力量冲击形成的凹陷，另一个是内部压力形成的凸起，怎么会看上去这么接近呢？不对吧，一定是选的照片角度的问题。没错，我特地选择了两个看上去很像的图片，来强调要讲的重点。在物质量保持不变的情况下，形体受到力量冲击，无论力量来自于哪里，看上去都差不多。也就是形体确实凹陷了，但同时它也凸起了；同样，形体确实凸起了，但同时它也凹陷了。

接下来看一个二维图的解释。

下图左侧是依靠物质的增减来实现形体上的凹凸形态的。它们是因为物质减少了，或者多出来了才形成的。不过当物质在没有发生增减的时候会变成另一种状态。如下图右侧所示，下方平坦的平面代表的是柔软的泥土，上方红色的矩形代表一个坚硬重物，它向下坠落，砸入泥土中。拿掉那块重物后，观察泥土的样子。它被砸了个坑，但是仔细观察坑的周围，还有一圈凸起，这就和陨石坑的形态特征是一致的，因为物质总量没有增减，只是凹陷部分的物质被挤压移动，成了周围凸起部分的物质，所以形成了一个既有凹陷又有凸起的形态。这就是本章要讲的主题，凹陷与凸起并存，或者叫凹与凸的平衡。

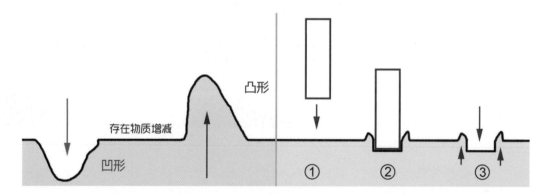

下图所示为在沙地或者雪地中的脚印的形态，在我们印象中，它们都是凹陷的，但它们其实也是凹陷和凸起并存的。凹凸平衡与视觉的舒适度密切相关，因为它符合我们观察到的自然世界的规律。

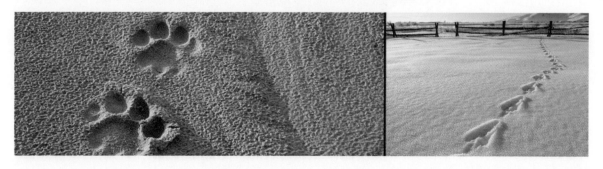

　　你可能会说，不对，自然界中不是也存在很多其他的物质总量变化的凹凸形态吗？如水滴石穿。如果你看过被长时间连续的水滴打穿的石头，你虽然知道是怎么回事，但视觉是困惑的，那石头看上去也很像是被化学物质腐蚀导致的。我们的视觉是有局限性的，不但受到时间维度的限制，无法理解水滴石穿的过程；也不能识别化学过程，如腐蚀或者体积剧增的化学反应，我们视觉的舒适度基本上处于普通物理范围内。所以要提出一个概念，叫作形态补偿，就是为了尽可能地保证视觉的舒适度。在单纯凸起的形态上，需要添加凹陷形态补偿；在单纯凹陷的形态上，则要添加凸起形态补偿。下面我们用二维图来解释一下这个概念。

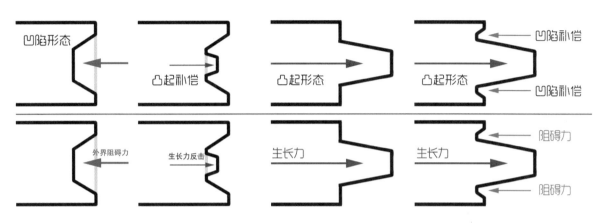

　　现在，你就能理解形态补偿了，但你一定会说，这不就是之前讲过的生长力和阻碍力的搭配吗？确实，在二维空间中，它们两个概念是一致的。但到了三维空间中，原来的描述方式就不太够用了。形态补偿这个词本身就更偏向于描述三维空间中的关系，而且它所包含的内容比前者更加广泛。所以这里不仅仅是换了一个词那么简单，而是一个表述方式从二维到三维的升级。我们再来看一些形态补偿的例子。

　　下图是一个简单的打印机形态。打印机产品是有天生形态特征的，如一些凹陷和凸起都是必需的。处理这些先天形态的时候就需要采用形态补偿来实现视觉上的舒适度。

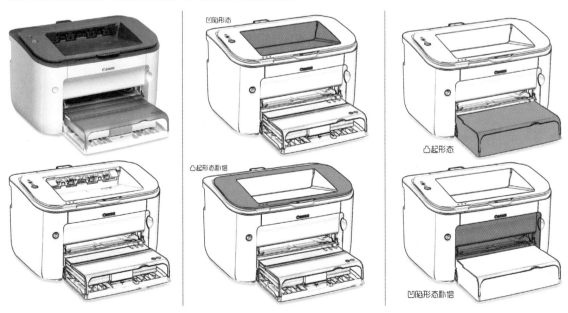

下图中，形态补偿在不同产品上大量出现。无论是旋钮还是按钮，都是凸起的形态。它们的根部或是周围区域都搭配了凹陷形态的补偿。你可以发现它们吗？

下图中的照相机也是一个典型的例子。正面使用了一些平面处理方式，如横向彩虹条纹，还采用外部干扰的方式处理了镜头圆形轮廓的法向视觉力，并指向圆心。此外，在三维空间上，它镜头周围的形态正是采用了火山口式的凸起，来补偿镜头的凹陷形态，实现凹凸平衡。

接着我们来看看另一种类型。看左边产品的形态是否不符合这样的运用方式？

左边的十字方向键，是符合凸起形态凹陷补偿的；但是右边摇杆部件却是违反这个方法的。如果你用过这种游戏手柄一定知道，这个摇杆部件的根部是一个球体，在空间上就不能实现凹陷，而是一个球状的凸起形态，而外壳也采用了一个凸起的形态，这样能起到形态补偿的作用吗？

方向键
凸起形态
凹陷补偿

摇杆
凸起形态
凸起补偿

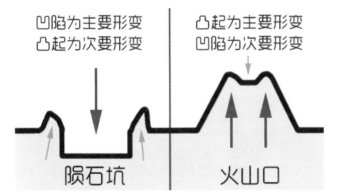

凹陷为主要形变
凸起为次要形变

凸起为主要形变
凹陷为次要形变

陨石坑

火山口

本章开始说过火山口与陨石坑，它们不同的是，陨石坑的形态是以凹陷为主要形变，连带的凸起是次要形变；而火山口的形态是以凸起为主要形变，凹陷是连带的次要形变。所以火山口的凸起形态更显著，而凹陷则不容易识别。由于采用凸起形态也就会同时产生凹陷形态，它们就是一对形影不离的伙伴。不得已时，使用火山口的强力凸起和微弱凹陷来搭配也是符合视觉舒适度的，这种方法在视觉上更加凸显内在力量，如同正在喷发的火山。

把手柄放平，摇杆向上，它的形态是不是和正在喷发的火山口非常接近呢。甚至摇杆头部的形态都与火山灰的样子类似。一个力量从内部向外冲击，一定会把外壳（地壳）隆起，最终破裂。这就是用凸起形态来补偿凸起形态的物理合理性，也能满足视觉的舒适度。下面来看轮式的交通工具，如果说轮胎的形态既有圆形法向视觉动力，又是凸出的三维实体，那么它一定也需要做形态的补偿处理。比如，下图的步战车，就是利用生猛的凹陷，直截了当地进行形态补偿。

除了特种车辆之外，大多数汽车都在处理轮胎形体时采用了火山口式的凸起补偿。

不止在车辆，只要有圆形元素的产品，几乎都大量地使用了凸起补偿方式。

你可以试试，在下图的产品中，找到里面所有的圆形因素，然后观察它们所采用的形态补偿方式，当然，这个形态补偿是不限于圆形的，甚至不限于封闭图形。你看下图中右下角的那个自行车前牙盘，在横连杆和齿牙盘的连接处，也有一个凸起形态补偿凸起形态的处理。这里要注意的是，用凸起形态来补偿凸起形态，一定要在两者之间保留足够的间隙，以强调凸起形态随带产生的凹陷，不然就没有效果了。

说完了实体形态补偿，就要讲一下虚拟的形态补偿了。虚拟的补偿，即无法使用实体形变方式产生凹凸进行补偿的方式，只能利用视觉的其他特性来代替，如明暗。眼睛的视杆细胞，是专门感受明暗的，它的产生远远早于感受色彩的视锥细胞。在法向视觉动力中，我们讲到了强制图底分离，也是通过识别明暗（黑白）的视杆细胞产生的。所以明暗或者黑白是可以产生虚拟的前后分离效果的。我们来看看是怎么运用的。

你可能从来没有想过，汽车前脸上，进气格栅周围的镀铬高亮装饰条的作用。在大多数条件下，它都是整个车体表面最亮的。它其实就是针对进气格栅整个凹陷的形态所搭配的虚拟的凸起形态补偿。镀铬装饰条是向外脱离所在平面的，与凹陷形态可以实现平衡。如果我们去掉它，你就会发现它的重要性了。没有镀铬装饰条的汽车前脸，简直就像是被危险化学品规则地腐蚀了一样。

这种方法，不仅可以使用在凹陷形态的边沿，也可以直接放在凹陷轮廓的内部。如下图所示的例子。

不过你也一定能够想象，过度使用镀铬装饰条的结果（如下图）。

不止在交通工具产品上，在其他类型的产品上也很多见，而且镀铬高亮装饰条的使用在处理法向视觉动力中也是一种很好的方法。

下图中，摩托车前灯的位置，正好在一个巨大的封闭轮廓凹陷形态内，它利用亮度，很好地实现了补偿效果。

到这里，你可能看得有点晕了，我们先来总结一下以上讲过的几个类型。

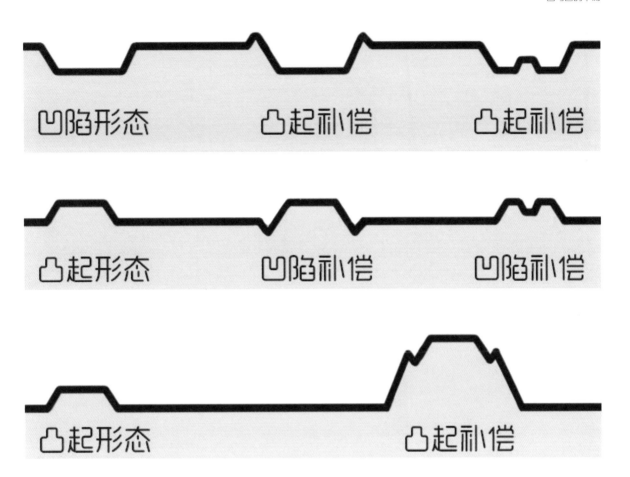

以上分别是：凹陷形态的凸起补偿，凸起形态的凹陷补偿，以及凸起形态的凸起补偿。其实它们看上去都差不多，我们只不过按照，是以凸起为主，还是以凹陷为主，强行给它们进行了分类。如果能够融会贯通，其实它们是一个意思。你会不会觉得好像这不是全部，还应该有一个凹陷形态的凹陷补偿？没错，这正是我们下面要讲的，但是凸起形态的凸起补偿还好理解，可是凹陷形态怎么再凹陷呢？比较极端的方式就是直接把地平面向下移动。我们来看下面的图示。

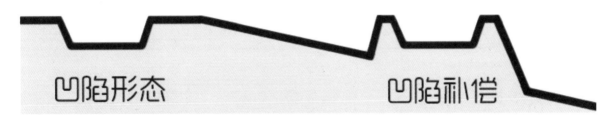

你看，地面一旦下移之后，原本的凹陷形态如果保持原位的话，它就变成相对凸起的位置。这里产生的微弱凸起，是地面下移后的随带效果。看上去就像黄河堤坝。由于河底泥沙越积越多，河床越来越高，堤坝也就随之修高，致使河水表面超过了地面。

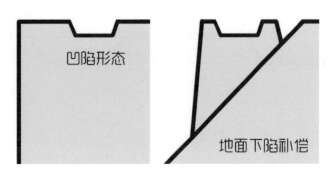

其实，这四种类型都是一回事，凸起和凹陷本来就是相对的，谁是凸谁是凹，很难定义清楚。我们强行分类是为了理解真实的产品形态时更容易一些。不过凹陷形态的凹陷补偿，有一些特殊，这就是把它放在最后，单独列出来的原因。请看左图，地面的下陷方式可以是非常明显和剧烈的。

这样一来，我们才能看懂一些设计中的形态关系。如下图中的汽车内饰形体。空调出风口原本是个凹陷的形态，但如果把它的形体独立出来，并且放置在一个塌陷的大斜面上，就会产生凹陷形态的凹陷补偿。因为塌陷的大斜面，反而使得出风口像是凸起的形态了。

这样的方法，在投影仪的镜头形态处理中也很多见（如下图）。

下面再来看一个极简的产品形态，也运用了这个方法。

知道了这些类型，很多产品上的多重补偿运用，也就都能看明白了。下图中，一个简单的手机外壳局部就用了不止一种方式。

下图中，一个手机的一角，也许你之前都没有注意到，或者说你看到了也没看懂它们用了什么方式。虽然我用文字标出了每一处采用的方式的名称，但这些名词用来对补偿方式进行强行分类的，并不重要，这样做的目的是方便你发现它们、理解它们。无论是什么补偿方式，形体之间永远是凹中有凸，凸中有凹的。当凹与凸大量出现之后，其实我们就更不确定哪个是凸，哪个是凹了。

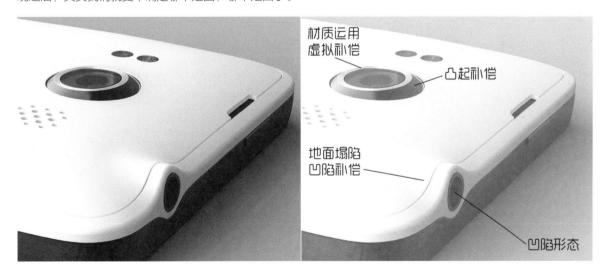

你看左面的左右两张图，左边是凸形态，右边是凹形态，对吗？其实不好说。左边，水泥块是突出的，也可以说墙面是凹陷的；右边，蜂窝是凹陷的，也可以说，蜂窝之间的墙壁是凸起的。所以我们用上述方法和分类，简单地介绍它们之间的规律，目的是方便我们理解那些非常复杂的形态，不会觉得完全看不懂。

下面我们要看看动物身上的形态凹凸与补偿。首先拿人的鼻子来举例（如左图）。

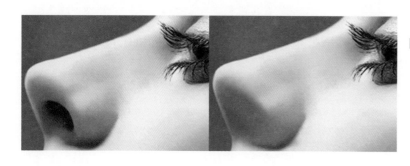

鼻子是一个明显的凸起形态，它有没有凹陷补偿呢？有，就是鼻孔；那鼻孔的凹陷有没有形态补偿？也有，就是鼻头的左右两侧隆起。如果把鼻孔去掉，整个形态关系就不对了，都是凸起形态，凹陷补偿明显不足。视觉上非常不舒适。你可能反问，凭什么鼻孔形态是补偿鼻子的？鼻孔是先有的，而人类鼻子的形态是很晚才进化出来的，其他灵长类动物是没有的。应该是鼻子的凸起形态补偿鼻孔的凹陷才对。是的，这样说也并没有错。你会发现，其实就连谁在形态上补偿谁这个事情都是没有标准的。鼻子是从器官角度独立出来的名词，而从三维形态上，它并不是独立的，它和周围的其他形态是没有界限的，请看下图。

从鼻头开始到鼻梁，再到眉心，向左右两侧的眉骨，一直到太阳穴，是一个整体。这个形态是凸起的吗？也不好说，如果以额头的平面作为基准，似乎并没有明显的凸起。那眼窝的形态是凹陷的吗？是的，不过只是相对眉骨和鼻子而言的。眼球相对眼窝又是凸起的。也许睫毛的加长是对眼窝凹陷的一种补偿。

你会发现，语言表达在对面部形态进行识别的时候出现了明显的困难和不确定性，更不用说谁在补偿谁了。那怎么办呢？我们可以绕开它们之间的具体识别，也绕开它们的补偿关系，打断它们之间的关系链条，把某个形态拿掉，或者移开，用视觉来直接判断效果的变化，就可以得出一个结论。

下面以动物为例，用眼窝凹陷和口鼻整体形态这两者的关系来做个示范。

　　上图中的猫科猎食动物，它的眼睛和口鼻整体形态是一个什么样的关系？是否存在凹凸补偿？我们可以直接把眼睛移开，观察效果的变化。你会发现它的面部一下子丧失了凶猛的感觉，甚至变得呆滞可笑。这足以说明两个形态之间的补偿关联及其相对位置的重要性。凹凸补偿是存在有效相对距离的，在距离拉开之后，从视觉上看，两个形态就会丧失补偿关联性。再看下图中的老鹰，也是如此。

　　最后留一个思考题给你，在下图汽车前脸的形态中，有一个凹陷和凸起补偿，这个凸起补偿不但是形体上的，同时也是虚拟的、高亮度的。它在哪里呢？

13

流动的形态

本章我们要引入一个新的概念，就是流体。引入的原因是，视觉动力这个概念的运用遇到了局限，因为矢量并没有办法解释视觉领域的所有内容，所以需要借用其他概念。这里所说的流体并不是流体力学，那个还需要微积分数学基础。好在视觉范围内能够引入的概念也一定是视觉可以识别的概念，这里讲的流体不过是流动的液体而已。那么视觉动力的概念遇到了什么局限呢？

对于下图中的有机形态，视觉动力的方法就没有很好的方式来表达。不得不用很多个很小的箭头排着队来表示形态的生长力。这样表示就变得烦琐、累赘，不容易有结论。但是，这些箭头的排列却在视觉上有了一种有趣的流动效果。于是受到启发，我们可以引入流动的液体来表示一些形态。当然也不是随意地引入，需要先讨论一下流动液体的性质。这里会牵涉平常视觉上对于静态和动态观察的能力。

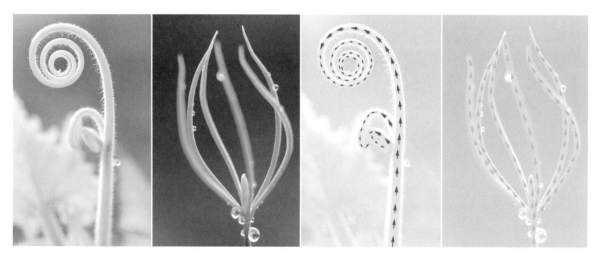

我们或许有这样的视觉体验，在倒蜂蜜或者橄榄油的时候，知道液体在流动，但某一瞬间看上去像是静止的一样。偶尔发生一些变化，如液体的形体变细了，或者里面有气泡在移动，视觉才缓过神来，看出液体在流动。视觉判断物体的动态主要依靠光影的变化。这种质地均匀、清澈透明的液体，很容易给我们造成一种静止的错觉。

同样，如果反过来，静止的图像也会给我们造成动态的错觉（如下图）。

一定觉得奇怪吧，明明一张静止的画面，为什么眼睛看着它时却感觉在动呢？其实只要我们睁开眼睛，眼球就一直处于高频的轻微颤动状态。因为视网膜需要有光线照射才能发出电信号，而且需要不断变换的光线照射，才能持续发出电信号传递到大脑。如果视网膜上的一个细胞一直被一样波长的光线照射，它很快就会因为感觉不到变化而失去敏感性，无法传递电信号到大脑。这就是雪盲的原因，当眼前一片白色，整个视网膜被波长一样的白光照射，即使眼球努力频颤，也无济于事，视网膜感觉不到光的波长变化，不一会儿就眼前就一片漆黑了。所以你再看上图，你的眼球主动移动一下，移动得越厉害，图片的动态效果也就越明显。所以，我们用动态的方式来描述静态的画面和物体是有生理依据的，只不过那些静态的图片引起的动态效果没有上图中那么明显，往往是不能被察觉出来的，需要通过提示和标注来识别它们。

下图中，我们不再用之前视觉动力的方式来描述生长形态，而是用连续小箭头作为引导，能让我们用流动的视角来看待一个静态的形态，就好像亲眼看到它长出来的过程似的。

那如果用同样的方式来标注产品的形态会是什么样子呢？看下面的例子。

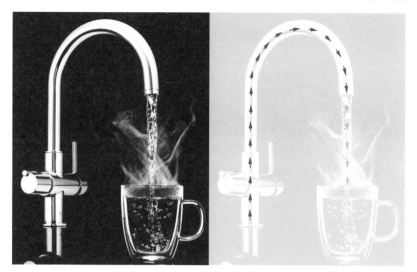

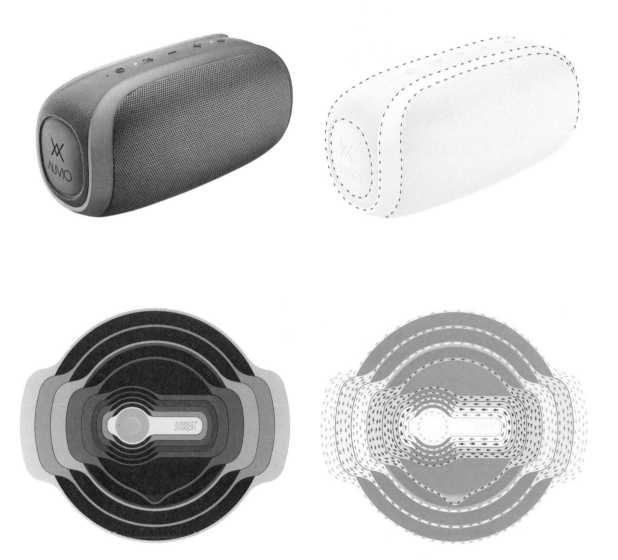

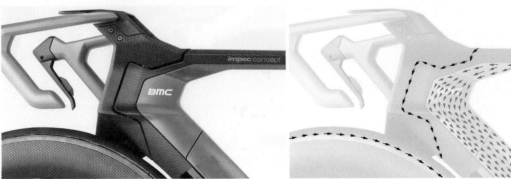

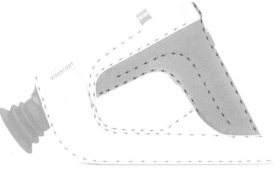

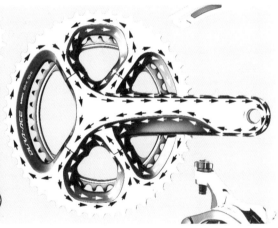

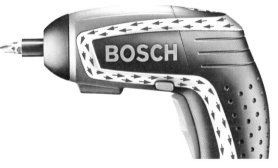

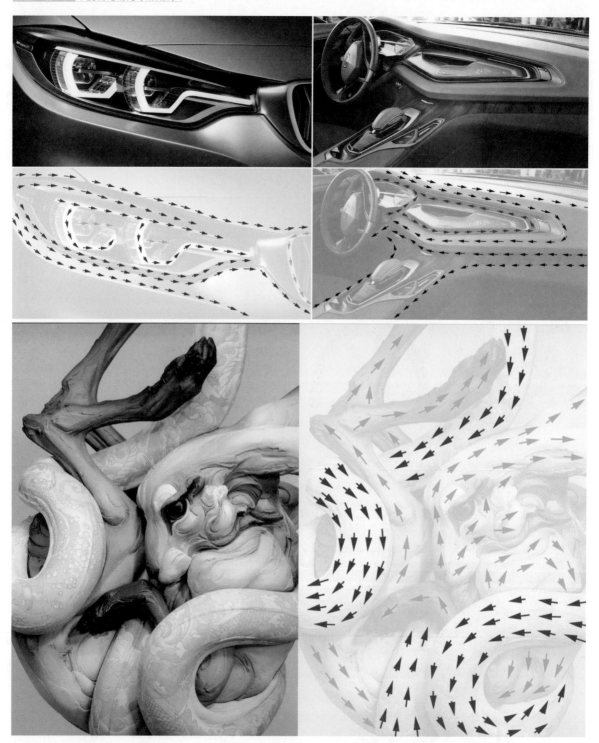

通过这些图例，我想你已经明白用流体的眼光看待形体是一种怎样的方式。接下来，看出来以后要怎么办？

　　这就要从流体的物理性质出发，不像视觉动力强调的是方向、大小、增强、削弱。在流体概念中，关键的就是流速和轨迹。流速可以分为两个方面，一个方面要让形体有流速，如河流，一般无头无尾的是活水，一个你眼睛都能看到头和尾的，那一般不是河流，而是死水。产生流动性和流速的首要条件是在视觉上制造出流动的可能性，也就是制造出连贯的流道，如下面的例子。

　　下图中你可以看到，这里所说的在视觉上制造流道是指，要么在可视范围内制造闭环流道，要么让流道消失在产品的边缘，当然，这其实依然是一个闭环流道，只不过流道是立体环绕产品形体的。这样就可以保证流动的可能性，使产品外观具备流体动感。

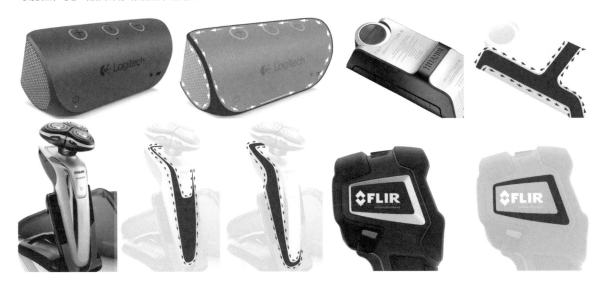

　　再如下图中打印机产品的例子。这种产品的设计局限性很大，外形不能有太大的变化，以至于流体的表现和节奏（"14 视觉节奏"内容）的把握占据了主要的地位。无论是使用宽窄变化的河道面，还是使用宽度一致的河道面，它们都在试图制造产品形体上的视觉流动性。

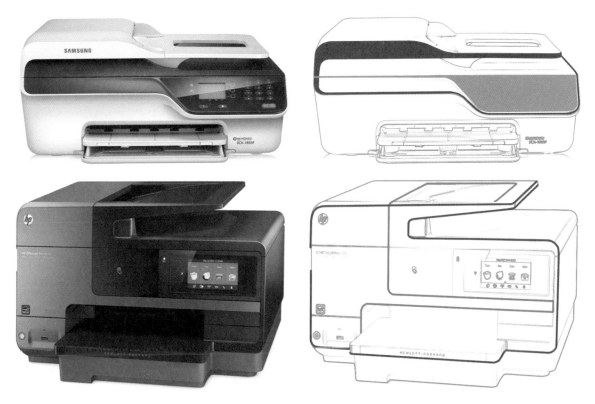

此处你可能有一个疑问，就是两个流道交汇却又互不影响是怎么回事？这个从物理世界比较好理解。就像德国的马格德堡水桥一样是上下错开的。不过在产品上它们其实是互相交错的，所以我们需要做一些视觉上的处理，用粗细或颜色加以区分，否则流体的效果会受到影响。

从另一个方面来说，流体一旦流动起来，要使它变化，只能改道而不能堵死，这也是符合客观世界的规律的。所以，在很多产品的细节处理上要符合这样的规律。当流道中出现障碍物，且其可能直接把流道堵死的时候，那流体一定会改道，绕过障碍（如下图）。

流体改道
绕开障碍

这和我们要讲的另一方面是相关的，就是流体减速。当我们解决了流动性问题之后，又会冒出来一个流速过快的问题。视觉上，流体为了减速正好也是通过在河道中放置一些障碍物来实现的。我们来看下面这个例子。

下图是一种风格简洁的医疗仪器。它有一个屏幕，屏幕周围是一圈的按键，按键所处的区域是一个灰色的围绕屏幕一周的流道。这个灰色流道的宽度在遇到按键和Logo的时候就会有所变化，目的就是保障流速。在产品的左上角有两个绿色的按键，按键边上还有图标，它们就是产品白色外壳区域这个流道中的细小障碍。但它的布局和外轮廓可一点也不随便，两个按键的轮廓和图标的排布一定是按照流体的流向安排的，如同它们是在一条河流中沉睡了上百年的石头，被冲刷成与河流方向一致的样子。另外，在该产品中，障碍物往往放在拐角处，这是因为在转弯时必然减速，这是常识，而障碍物也是让流体减速的因素。所以弯道和障碍物两个减速要素放置在同一处，可以使流体在视觉上有明确的减速效果，离开减速区域后，流体又开始在直道无障碍加速。如果分开放置，就会使流体可能在弯道减速，通过弯道准备加速时，又遇到直道中的障碍物，不得不再次减速，则会产生停滞的效果。所以在以流体元素为主的产品外形设计上，利用流体原则可以指导我们对按键和图标这类小元素进行合理的运用。

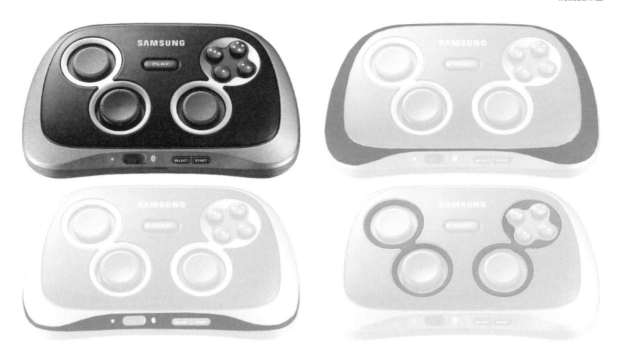

所以在有些产品上，流体特性会主导产品的外观，而法向视觉动力和凹凸关系，则会退居次要。

另一个重要因素就是轨迹，如果一个产品外形上只有一条流道轨迹，这个轨迹自然是可以很自由地设定，在这种情况下，轨迹关系并不重要。但如果在流道数量很多的情况，它们之间就会相互影响，流道轨迹之间的关系就变得十分重要。这种情况经常出现在强调动感的产品类型中，如下图所示。

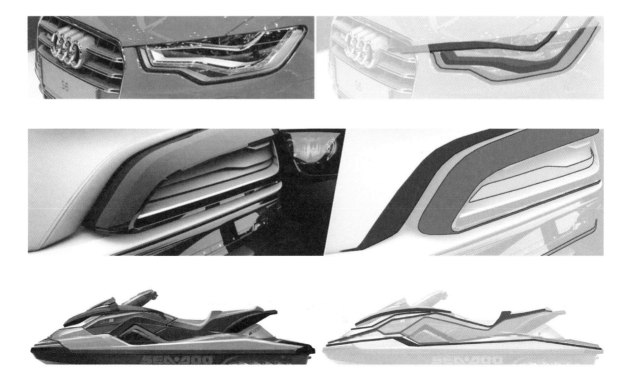

流道的轨迹之间是有一定的相互约束的，不能自顾自地乱流。它们都统一朝向一个目标，即便轨迹不同，但趋势一致。如同游蛇们集体出动，盯住同一个猎物。

我们拿下面的汽车来举例，它在流体上的处理就非常的混乱。稍加修改，控制、调和各个流道轨迹之间的关系，就可以有所改善。

如果我们用流体的概念，回头去看那些视觉动力图示，又会如何显现呢？

你可以看到，这些拉扯图示，其实也是由于流体流速的剧烈变化导致的视觉效果，与之前讲过的图形的剧烈形变所体现的视觉动力类似。那如果是法向视觉动力呢？用流体来表现圆形会有什么不同？我们可以把圆形的内部看作是拥有流体物质并旋绕着圆心高速旋转，就类似于台风的样子。

入侵边界其实就是阻碍了流动

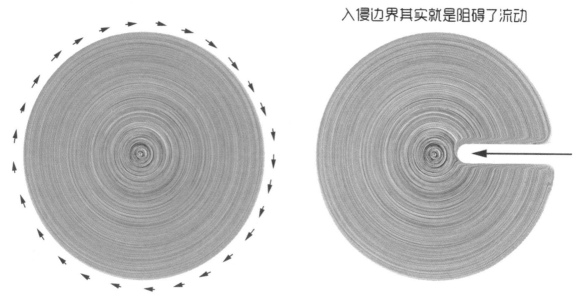

从流体的角度来看，在圆形的这个流体闭环内，边界的入侵就是一种对内部流动性的巨大阻碍。直到覆盖圆心，闭环内的所有旋转流动都被停止了。这也对应我们之前讲过的法向视觉动力的约束方式。不过之前内容的局限性就体现在此处，有一种情况只能用流体概念来解释，那就是当所有抑制法向视觉动力的方法都不能用的时候。

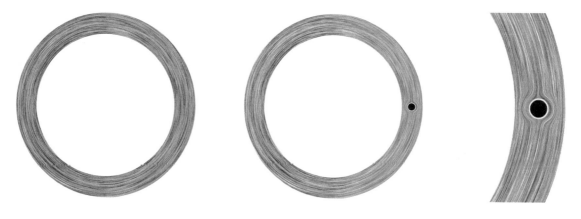

面对极端情况，我们就采用往流道里放置障碍物的方法来抑制流体的流速，从而可以抑制圆形流体闭环的法向视觉动力。放得越多，流速越慢，法向动力就越弱。单反相机镜头就是用了这种处理方式。

下图中，左边的镜头上有文字印刻，右边的镜头没有。两边的法向视觉动力大小不同。左边的圆形闭环流体，由于流道内障碍物的大量出现，导致流速降低。而右边在没有障碍物的情况下，流速可以达到非常高，再加上同心圆嵌套的形式，法向动力就会非常刺眼。

讲到这里，我们大致介绍了流体在形态分析中的运用。主要的可控变量是流体的流速和轨迹，还有一个要素，我们没有单独强调，那就是流体的总数量，但这个数量受到每个产品的先天因素影响比较大，所以就不展开了。你可以回到本章开始的一连串例子中寻找这三个元素的表现，看看它们与产品外观的关系。这三者往往直接决定了产品的外观风格，也就是说，我们可以通过控制这三个变量来把控外观风格，如下图中的产品。同一个品牌，不同的市场定位，于是采用了不同的风格，它们的外观设计除了颜色不同之外，在流体的三要素上都有明显的区别。

　　除了用流体描述局部形态之外（下图中的尾灯），很多形体就是直接模仿流体物质，如下图中的吹风机。在对它的形体分析中，视觉动力矢量分析方法是无效的。而你可以直接把它看作一个流淌的热巧克力酱的形态。哪里粗哪里细，轮廓曲线的曲率一下子都有了参考。也可以把流体的参考物质变换成其他的物质，如蜂蜜、植物油、酸奶等。

 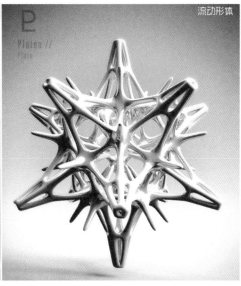 

左图是一款非常别致的音响产品。它上面的木纹完美地沿着它隆起的外壳均匀地流动着，这种木纹的实现一定是非常不容易的。但遗憾的是，木质背壳上却连接了一个弯曲的金属柱体，流体特性几乎没有体现，使得其与木质外壳的视觉风格不够匹配，如果能够使用上图中那种高亮的流体形态金属支架来搭配，效果可能会更好。

流动和静止是个有趣的视觉主题。而流体概念的引入不但弥补了视觉动力的局限和不足，而且能够从新的角度对形态进行分析。

你可能会问，既然流体概念这么好，是否可以代替视觉动力的内容。其实二者并不冲突，可以针对不同类型的产品，在前期外形定位时就确定选用相应的方式作为主导来辅助设计。其实它们都是工具，就看在具体的产品类型中，哪种方法更合适了。

14

视觉节奏

本章我们来聊聊节奏。什么是节奏？视觉也有节奏吗？这些是我在展开本章内容前必须想清楚的问题。说起节奏，我们通常聊的都是听觉上的音乐或者诗歌，都是听觉的享受。那节奏是不是只限于听觉范围呢？如果是，那节奏和旋律又有什么不同呢？我们先来看看乐谱有没有节奏。

下图中标注了音乐节奏。你也一定觉得它是有节奏感的，因为它就是用来表现音乐的。五线谱，有音符，有高低，有停顿。可是你并没有听到声音，像我这种连简谱都不认识的人，更不无法看懂这是一首什么曲子。但我依然觉得它是有节奏感却不是听觉的。

再看下一张图，这张图就与音乐无关了，它只是手写的书法字体，但是优美流畅，非常好看。你觉不觉得它和上一张图中的五线谱看上去感觉有点像？没错，它们都有节奏。难道视觉也有节奏？在回答这个问题之前，我们要先说另一个话题，叫作通感。第一次知道通感是在中学语文课上，是写作的一种修辞手法。后来才知道，这个所谓的修辞手法，是一种对大脑客观特征的一般描述，并不是创造的内容。

下图中，如果看到一个美女，即使只是看到照片，我们的大脑也会默认她很香，说话声音很美。假如告诉你，她是个男的，而且有狐臭，你是不可能相信的。假如你在电台里听到女主持人甜美的声音，如同清泉一般流入你的内心，似乎这声音让你立刻爱上了她。你会想象她一定非常漂亮可爱，是那种能让你一见钟情的类型，而真实的长相往往和声音完全对不上。美食的颜色鲜艳，光泽诱人，看上去非常美味，似乎都能感觉到它滑入嘴里时的快感，不过它有可能只是一个塑料模型而已。

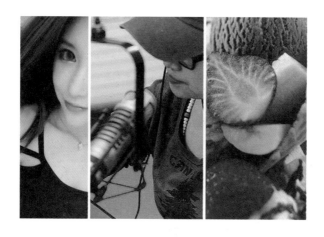

以上这些都是通感的现象，那为什么我们的一个感官通道产生了良好的感受之后，其他的感官通道会同时被激活，并唤起相同的良好期待呢？

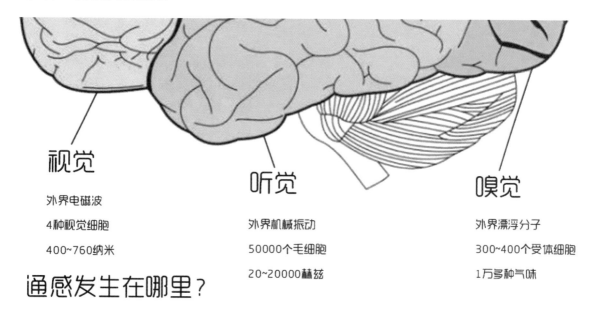

视觉

外界电磁波

4种视觉细胞

400~760纳米

听觉

外界机械振动

50000个毛细胞

20~20000赫兹

嗅觉

外界漂浮分子

300~400个受体细胞

1万多种气味

通感发生在哪里？

我们对于感官的认知是通过语言，语言中描述感官的词语，如视觉、听觉、嗅觉，都是独立的词语。它们又都对应着独立的感受器官，如眼睛、耳朵、鼻子、舌头，所以自然地以为它们是相互独立的。其实这些感受器官只是接受外界信号，而真正处理信息的过程，都是在大脑皮层内部完成的。我们可以想象单个感官的处理结果被送到主观意识的时候发生了类似共鸣的效果，引发了其他感官的共振，产生了通感。这只是我的假设，但起码我们知道了通感这个现象，也就是各感官之间共享良好体验结果的一种现象，它有着生理基础。这就为我们理解节奏提供了很好的支持。

接着又要问，为什么嗅觉和味觉没有美感？没有节奏？一般认为听觉和视觉要比嗅觉和味觉高级得多，但并不是感受器官有多高级，而是大脑对于视觉和听觉接收到的信息处理能力更加复杂，以至于这两个感觉可以承载复杂信息，但味觉和嗅觉却不能。

其实，节奏不单单作用于视觉和听觉，我们的思维情绪也受到它的影响。可以认为节奏起源于物种的基础生存需要，却又引发了我们对艺术的不断探索（参考：英国动物学家，德斯蒙德《裸猿》三部曲）。接着，我们来讨论视觉节奏。在设计领域主要接触的都是静态的，也就是静止画面。

在静态视觉中，节奏如何表现呢？请看下图中电影海报的设计、话剧舞台的布置，以及油画的艺术。

即使在静止中，依然可以符合压制和释放的原则，但表现出来的是密度的高度差异和对比。在同一个画面中，产生的高密度聚集，以及其他部分的稀疏清淡，产生了一种对比。所以简单地说，静态画面中的节奏就是我们俗称的对比。但"对比"这个词过于笼统，以致没有任何指导意义。所以需要更仔细地论述。

接下来，我们以波兰画家Jakub Rozalski的作品为例。我们讲到了节奏，就要知道一幅画中有多少种节奏因素（反差对比）在同时起作用。首先是明暗，先去掉颜色来看，就只看是黑白的对比。 但这其中还包含两层，一层是黑色和白色占据画面的比例，呈现类似抑制与释放的相互关系；另一层是黑白交织的人物描绘（图底部的人物）与单纯黑或者单击白的色调（缓慢渐变的天空和暗色的机器人）这两者之间的对比。

接下来是细节密度。轮廓线条的聚集程度是大致从下向上缓慢解压的。在人物聚集的地方，细节丰富，线条以高密度聚集在一处。而天空中则没有细节，留出大量低密度空白（如下左图）。如同一个鱼群，高密度聚集在画面的一个区域，似乎下一刻就会移动到另一个区域去（如下右图）。

接下来是色彩。在冷暖色调的搭配上一样呈现不同区域的聚集。暖色调主要以高纯度聚集在画面底部，而冷色调则以低纯度蔓延在画面的其他区域。同样，色彩的变化频率也有类似分部。我们把色彩进行切割可以看出，画面底部具有大量的跳跃性的不同色彩的交织组合，表现高调并且非常集中。而其他区域则少有色彩的激烈变化，都是以缓慢的低调的形式存在。

以上不过是对油画作品的粗略分析，更深层的解析，你可以学习油画书籍去了解。这种多维度密度变化的搭配几乎是油画作品的基本要求。

接下来我们看看，四色视觉动物那色彩斑斓的外表是否同样具有节奏感。

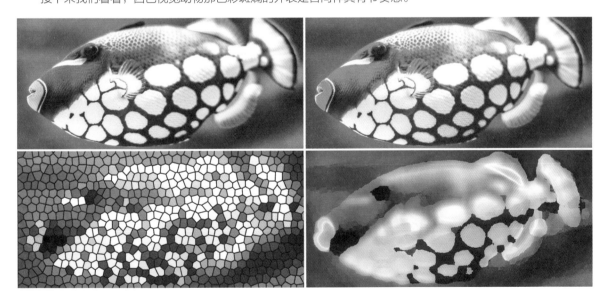

　　没错，它们的外表美得就像是一幅油画，颜色本身不重要；是以冷色为主还是以暖色为主，也不重要；单纯的明度和纯度也都不重要。关键是对这种节奏的把控、抑制和释放。掌握高密度、高压力、高频率与相对应的低密度、低压力、低频率的其他区域，以及两者之间的对比、比例、位置等因素的设定。

　　这些例子对我们理解静态画面的节奏感有很大的帮助，这些内容其实就是所谓的构图和色彩。所以在平面设计和包装设计中，都大量运用了这种节奏的方法来制造美感，如下面的例子。

不过，我们需要解决的是静止形态的节奏问题。我们现在知道，只要是节奏，一定是一种对比。但是形态节奏的具体表现是什么样的呢？我们需要再次回到自然界中去寻找答案，下面来看看哺乳动物们给我们的启发。

到了哺乳动物身上，刚才绚丽的色彩节奏就不存在了。因为大多数哺乳动物都是两色视觉，毛皮色彩大多比较单一。它们形体美感的主要来源是形体节奏感而不是颜色。那么什么是形体节奏？看看哺乳动物的主要形体特征，它们大量的感受器官位置聚集于头部，使得头部的形态密度非常高。而身体的其他区域，除了毛发、斑纹、四肢和尾巴，基本上空空如也。形态发生剧烈变化的区域也都集中在脸部，因为感官密度大，头部还聚集了许多形态凹凸补偿。这就是哺乳动物的主要形态特征，一种高密度聚集与其余部分的空空如也形成的对比就是一种形体节奏。

那为什么哺乳动物会有这样的形态表现呢？这是高等动物的一种特征。它明显区别于水母、蚯蚓等低等动物。高等动物的各种感受器官，如视觉、听觉、嗅觉、味觉都聚集在头部，它们需要离大脑很近，这一切都要归功于神经系统的进化，经过亿万年的演变，最终形成了大脑。

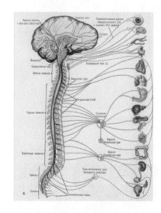     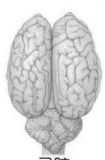

鲨鱼脑　　青蛙脑　　鳄鱼脑　　鹅脑　　马脑

神经元的不断聚集，是为了提升效率。形成大脑之后，依然没有停止这种聚集。直到大脑挤成一团，出现了褶皱的沟回，这已经达到了极限，在头颅中赶走了淋巴系统，留下仅需的血管。也就是说就连神经系统的结构分布都符合我们所说的节奏规律。从大脑到中枢神经，再到身体各个边缘区域，神经的密度不断降低，这是神经系统高效率的结构基础。所以高等动物都具备这样节奏性结构分布的神经系统，而五官集中在头部只不过是神经系统聚集的一个外在表现。在大脑这个中央器官周围，近距离分布视觉、听觉、味觉、嗅觉等感受器官。剩余的身体则留给获取能量的消化系统和负责运动的四肢。所以哺乳动物的生理结构本身就是一个节奏性分布。而我们的视觉对于所见到的动物的美感判断，其实就是在识别对方神经系统的聚集程度。

所以我们对于形体节奏的偏好就是对形体内部高级神经系统布局的偏好。可是这个对我们设计产品有什么指导作用呢？在高要求的工业设计中，对于产品内部的布局设计也需要投入很大精力，因为内部布局如同神经系统的结构，它对于外观的节奏有决定性的作用，内部的节奏到位了，外部的节奏也就容易实现了。不过大多数情况下，我们只是设计产品的外观，在设计外观时，也需要模拟高级哺乳动物那种感受器官高密度聚集在一个区域，其他区域保持极低密度的样子，如下图中的例子。

下图中，两个产品的造型并不复杂，也没有花哨的形态变化，但它们对于视觉密度的把控非常到位。在外表的一个区域内，高密度地聚集了细节元素，保证了其他区域的空白和稀疏。这样，从画面上符合了节奏感的营造要求，即抑制与释放、密集与疏松等方面的对比。另外还给视觉一种假象，它看上去内部具有高度进化神经系统，像是一个高等动物。

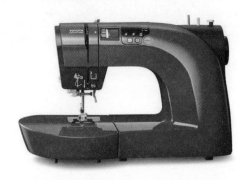 

如电影《阿凡达》中的空间站的设计，它直接设计了一个类似高级神经系统的结构，非常具有生命力。在科幻影视概念设计中，这种节奏的营造尤其重要。

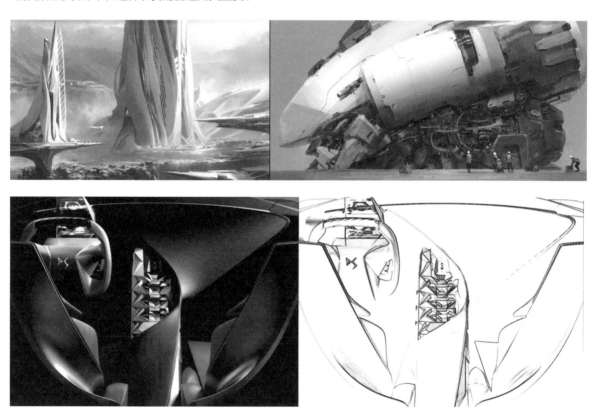

　　不过，这种节奏的营造不单单是布局上的，在材质、纹理、面积大小等各个方面都可以制造松与紧的对比。就像油画中，明暗、冷暖、纯度，色彩变化频率等，从各个维度制造节奏。所以在产品外观的设计上，需要同时控制CMF和造型两条线。尤其是对于一个产品上会出现多种材质和机理的类型，如下图中运动鞋的设计。即便是它的鞋带的纹理都具有节奏性，黑白色带的搭配按照不均等的比例来设置，又用视觉上"噪音"较高的绒布料，覆盖产品大部分低密度空白区域，同时把高密度的细节挤压到特定的位置。

　　虽然我们知道该怎么做，但局限性是永远绕不开的。在功能、形态和材质上不能做太大变化的时候，色彩的划分就几乎变成了营造节奏的唯一方法。把可以大量留白的地方使用一种颜色，然后把具有很多错综复杂形态的地方用另一种颜色包围起来。之前我一直以为这只不过是一种视觉简化方式，其实不仅如此，它可以让产品看上去具备节奏的特质，一个颜色区域非常空白，密度低；另一个颜色区域内具有很多视觉元素，高密度聚集，比较拥挤。这就是在不改变产品任何细节的情况下，仅仅用分色方法来营造节奏的例子。同样的方式，在色彩划分也不能实现的情况下，可以利用丝印文字或者贴一些文字的贴纸来实现密度差距的效果（如下图）。

　　以上内容大致介绍了形态节奏在产品上的表现形式，依然非常笼统。我们还要讨论一些节奏处理的细节，来看下一个例子。

这是一款非常简洁的表盘设计，它虽简洁却不简单，仅有的几个视觉元素布置得当，就可以制造出经典的视觉节奏效果，来看看它是怎么做的。

在圆形边缘的比例安排上，它采用的比例是急剧变小的。在表盘的最外延，形成高密度的趋势，随后，在刻度的安排上也配合这样的密度差异。把最小、最多的刻度放在表盘最边缘最拥挤的区域里面，而在大面积的空白处，字体也自然放大，呈现低密度的特征，同时与分钟数字的字体大小形成鲜明对比。

看到这里你心里可能有了疑问，这个所谓的压缩、高密度，要做到什么程度才算可以？压到透不过气？其实在油画中也有相同的问题，每一幅画的所有维度的差距对比，比例也不是一模一样的。有的是题材限制、画面约束，有的则是作者主观选择。那从产品角度、密度的视觉差异应该拉开得多大呢？我们看看下面两个产品。

同样是摩托车产品，不同的品牌在节奏上的处理不一样。高密度区域的大小及密度的高低程度，都有自己的特点。你可能意识到了，它同样决定了产品的风格，这与"13 流动的形态"中流体的使用程度决定风格是一样的。这种风格差异就会影响个体消费者对产品的选择。

比如，我个人就更喜欢高达，而不是变形金刚。因为高达的外观上留白和高密度的比例组成的节奏更吸引我；而变形金刚则几乎全部是高密度视觉元素，没有留白区域用于压力的释放（如下图）。

所以，节奏细节的把控正是设计者的任务。例如，本书前半段中，我们尝试修改过一个电动工具的设计方案，也就是说，为了实现一种节奏的效果，可能会再修改出另一个效果来进行比较。

原设计方案

动力整理方案

节奏调整方案

再如之前我们利用流体修改的汽车前脸，如果在其基础上再加上对密度的调控，就能得出另一个方案，如下图所示。

流体调整方案

密度调整方案

节奏的内容就讲到这里，由于在很多产品中，节奏的存在比较隐蔽，有时候隐藏在凹凸关系中，有时候隐藏在流体关系中，所以不容易找到大量孤立的实例来阐述，还得依靠你自己多去发现和寻找它们，其实它们无处不在。